空气炸锅

创意食谱

甘智荣◎编著

民主与建设出版社
·北京·

图书在版编目（CIP）数据

空气炸锅创意食谱 / 甘智荣编著. -- 北京：民主与建设出版社，2024.7

ISBN 978-7-5139-4633-9

Ⅰ. ①空… Ⅱ. ①甘… Ⅲ. ①油炸食品－食谱 Ⅳ. ① TS972.133

中国国家版本馆 CIP 数据核字（2024）第 110622 号

空气炸锅创意食谱

KONGQI ZHAGUO CHUANGYI SHIPU

编　　著　甘智荣
责任编辑　王　倩
封面设计　仙　境
出版发行　民主与建设出版社有限责任公司
电　　话　（010）59417749　59419778
社　　址　北京市海淀区西三环中路 10 号望海楼 E 座 7 层
邮　　编　100142
印　　刷　三河市龙大印装有限公司
版　　次　2024 年 7 月第 1 版
印　　次　2024 年 8 月第 1 次印刷
开　　本　710 毫米 ×1000 毫米　1/16
印　　张　12
字　　数　115 千字
书　　号　ISBN 978-7-5139-4633-9
定　　价　58.00 元

注：如有印、装质量问题，请与出版社联系。

目录 / *CONTENTS*

第一章　空气炸锅，你不能不知道的秘密

第二章　风味独特的健康零食

第三章 清香素丽的缤纷蔬食

第四章 百吃不厌的畜肉蛋禽

第五章 千滋百味的海鲜水产

第一章

空气炸锅，你不能不知道的秘密

由于方便快捷，空气炸锅已经成为厨房新宠，炸鸡排、炸丸子、烤鱼、烤肉、烤薯条、烤豆腐……一时间，使用空气炸锅制作美食已经成为一股新潮流。但是，您真的了解空气炸锅吗？您知道空气炸锅的使用原理吗？本章将带您了解空气炸锅的烹饪优势以及制作空气炸锅美食的若干必备常识，让您能随时随地、随心所欲地烤出美味！

—— 空气炸锅的烹饪优势 ——

别看空气炸锅长得小巧，烹饪能力却是不可小觑的，不但可以烹制出健康的炸物，还有很多烹饪优势！

健康、少油

空气炸锅这位厨房新成员，以其体积小、少油烟等优点著称，其中最受青睐的是少油的烹饪方式。

没有油，却能把食材烹制得如油炸食品一样酥脆美味。空气炸锅通过让热空气在密闭的锅内高速循环来烹制食材。简而言之，用热空气代替了油炸，有效地减少了食材的油分，而那些本身油脂较多的食材，经过空气炸锅的烹制，还可以将其中的油分析出，降低了油分含量。热空气不但可以将食材烹制熟，也会带走食材表面的水分，使食材能够达到外酥里嫩的口感。所以用空气炸锅烹制出的食物与油炸食品在口感、味道上几乎无差异。但因其少油、无油烟，还可析出食材所含的油脂，更多了几分健康。

安全、易操作

将食物放入炸篮内，推入锅中，设定好温度和时间，无须长时间照看，这就是空气炸锅的使用流程。空气炸锅可以智能控制温度，当锅内热度达到设定温度时，炸锅会自动停止加热。设定时间结束时，炸锅会发出声音提醒，并且会自动切断电源。规避了普通烹饪方式可能导致的热油溅伤人、食物已熟透但因无人照看而把锅烧煳等现象。

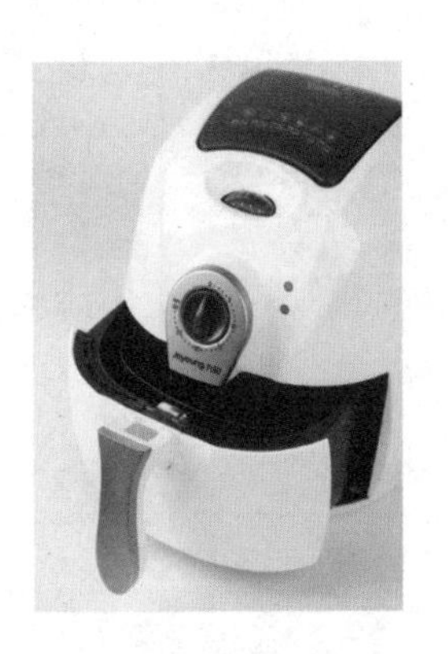

多元用途

虽然空气炸锅可控的只有温度和时间，但却适用于不同的烹饪方式：可以炸出人气薯条，烤出松软的牛角面包，烤出喷香牛排，可谓是小巧厨具多用途。除此之外，空气炸锅还可以在短时间内加热菜肴，忙碌的时候，可以用它快速加热食物来充饥。想吃得丰盛些，还可以用数个耐热容器装入不同的食物，同时放入锅中加热食用。

空气炸锅的料理秘诀

即便操作简单，但也有一些使用技巧，掌握了这些技巧，美味轻松可得！

技巧 1

若将食材紧密地摆放于炸篮内，会阻碍锅内热空气的有效循环，降低加热效率。所以摆放食材时，最好让食材间留有一定的空隙，便于热空气的流通。

技巧 2

本身含有油脂的食材，即便完全不用油，炸出来的品相和口感也很好，而且其中的油脂还会被析出来。

技巧 3

蔬菜、水果、菌菇等这些本身无油脂的食材，烹制时最好在表面刷上少许食用油，一是可以保存食材本身的水分，以保证口感，二是可以防止其粘在炸篮上。

技巧 4

用空气炸锅烹制食材时，最好先预热炸锅，这样可以更快速地烹制好食材，也可以减少食材与热空气的接触时间，从而能更多地保留食材本身的水分。

技巧 5

如果一次性放入炸锅中的食材较多，炸制过程中最好翻动食材数次，以保证其受热均匀，色泽均匀。

技巧 6

由于空气炸锅内的热空气会带走食材表层的水分，若想让食物外皮较松软，可以将食材用锡纸包住后，再放入锅中烹制。

——腌制食材的 5 种方法——

众所周知，使用空气炸锅烤制美味前，很多食材需要提前进行腌制，你知道有哪些常见的腌制方法吗？

搅拌腌渍法

将腌料放入待腌渍的肉中，充分搅拌均匀，然后如按摩一样，用手搅拌肉以使肉质更软化，味道更易进入肉中。

密封腌渍法

将肉与腌料充分拌匀后，装入可密封的塑料封口袋中，可以适当用力挤压塑料袋，以加快其入味速度。

拍打腌渍法

可以先用刀背或是松肉锤拍打待腌渍的肉，从而让肉的纤维组织变松散，这样腌渍时可快速入味。

水果腌渍法

腌渍肉时，可以加入一些能软化肉质的水果，如菠萝、苹果、橘子等，被软化后的肉在短时间内更易入味。

蔬菜腌渍法

蔬菜和水果有软化肉质的作用，虽然某种程度上蔬菜的效果不及水果，但蔬菜可以去除肉类本身的一些味道，如腥膻味，这是水果所不易做到的，尤其是洋葱、姜、大蒜等食材。

—空气炸锅经常用到的配料—

下面就来看看制作空气炸锅菜谱常见的配料，动手做一份适合自己的美食吧。

固体味料

盐

"盐乃百味之将"，古人用盐就能烹饪出各式美味。而精盐更是杂质少、颗粒细，更加容易入味。

黄油

黄油又叫乳脂、白脱油，是将牛奶中的稀奶油和脱脂乳分离后，使稀奶油成熟并经搅拌而成的。黄油一般应该置于冰箱存放。

面粉

高筋面粉的蛋白质含量为12.5% ~ 13.5%，色泽偏黄，颗粒较粗，不容易结块，比较容易产生筋性，适合用来做面包。低筋面粉的蛋白质含量在8.5%左右，色泽偏白，颗粒较细，容易结块，适合制作蛋糕、饼干等。

白糖

糖是一种高精纯碳水化合物，含有甜味，在调味品中亦居重要地位。白糖除了能调和滋味、增进菜肴色泽的美观外，还可以供给人体丰富的热量。

鸡精

鸡精可以说是鸡的浓缩精华。它以新鲜鸡肉、鸡骨、鸡蛋为原料制成，是一种增鲜、增香的复合调味料。

淀粉

根据淀粉原料的区别，有土豆淀粉、玉米淀粉、绿豆淀粉、小麦淀粉、红薯淀粉之分。淀粉可以用于勾芡、挂糊和上浆。用淀粉所做的浆、粉、糊、汁、芡可起到保护层的作用，既能防止菜肴营养成分的流失或被破坏，也可避免动物蛋白接触高温焦煳。

液体味料

酱油

酱油（酱）中含有一定量的食盐、糖、氨基酸等物质，因而不仅能赋予制品鲜味，还能增强制品的防腐能力。

醋

醋除含有醋酸以外，还含有其他挥发性和不挥发性的有机酸、糖类和氨基酸等物质。因此，它不仅具有相当强的防腐能力，而且能使腌渍品产生芳香美味。

蜂蜜

蜂蜜，简而言之，即蜜蜂酿制的蜜。其主要成分有葡萄糖、果糖、氨基酸，以及各种维生素和矿物质元素。蜂蜜作为一种天然健康的食品，愈来愈受到人们喜爱。

果酱

果酱，别名果子酱，是由水果、糖以及酸度调节剂混合制作而成的。制好的果酱可以涂在面包或者饼干上，美味鲜甜，色彩诱人。

香油

香油，物如其名，香气四溢。它一般指由胡科植物芝麻种子榨取的脂肪油，又称为芝麻油、胡麻油、汪油。

料酒

料酒是烹饪用酒的总称，主要用于烹调畜肉类、家禽、海鲜和蛋类原料。

芝麻酱

芝麻酱是大众非常喜爱的香味调味品之一，分白芝麻酱与黑芝麻酱两种类型。食用以白芝麻酱为佳，而补益以黑芝麻酱为佳。

花生酱

花生酱是以花生作为原材料加工而成的酱料。一般用来制造花生酱的花生都是优质花生，分为甜花生酱和咸花生酱两种，色泽为浅米黄色，香气浓郁，口感饱满。早餐时可涂在面包上食用。

香辛料

葱、姜、蒜

葱、姜、蒜味道辛香，既能去除材料的生涩味或腥味，还带着自身强烈的味道为菜品增香添味。

红辣椒

红辣椒与葱、姜、蒜的作用相当。其更为刺激的独特风味，是使许多菜品爽口开胃的最大“功臣”。

茴香

茴香有大茴香和小茴香之分，都是常用的调料。大茴香也称八角、大料、八角茴香，具有芳香辛辣味，多用作香辛料；小茴香也称茴香，性味与大茴香相似，有香味而微苦，适用于作调味品。

五香粉

五香粉是用几种调味品配制而成的。由于各地口味不同，因而在制作五香粉时，所用的香料品种有多有少，各种调味品在五香粉中所占比例也不相同。

胡椒

胡椒为胡椒科植物的果实。果实小，珠形，成熟时红色，干后变黑，有白胡椒和黑胡椒之分，可作调味香料。

孜然粉

孜然粉主要由安息茴香与八角、桂皮等香料一起调配磨制而成，用孜然烤牛、羊肉，可以去腥解腻，并能令其肉质更加鲜美芳香，增加人的食欲。

芝麻

芝麻是中国四大食用油料作物的佼佼者，具备极高的应用价值，其种子的含油量高达61%。芝麻在各地菜式中被广泛应用，既可以用来调味，也可充当装饰品。

花椒

花椒为芸香科植物花椒的果皮，又叫川椒。花椒是常用调味香料，其球形果皮中含有大量的芳香油和花椒素成分，使花椒具有一种特殊的香味和麻辣味，还能健胃和促进食欲，多作调味品使用。

— 各类炸物搭配的经典酱汁 —

做好一顿空气炸锅大餐，酱汁至关重要，好的酱汁可以激发出食物最原始的味道，也可以增添食材的风味。你知道下面这四种经典酱汁吗？

豆豉酱

原料

豆豉 150 克
蒜末 20 克
姜末 8 克
红葱头末 10 克
辣椒末少许

调料

酱油 20 毫升
白糖适量
食用油适量

做法

1 将豆豉洗净剁碎，备用。
2 热锅注油烧热，爆香姜末、蒜末、辣椒末、红葱头末。
3 加入豆豉，炒香。
4 放入白糖、酱油，煮滚即可。

酸辣酱油汁

原料

辣椒圈适量
蒜末适量

调料

酱油 40 毫升
醋 5 毫升
芝麻油少许

做法

1 将酱油倒入碗中，再加入醋，搅拌均匀。
2 将适量芝麻油淋入碗中，搅拌均匀，加入蒜末拌匀。
3 放入备好的辣椒圈，搅拌均匀后静置一段时间，最后捞出辣椒圈即可。

叉烧酱

原料

葱白 80 克
洋葱适量
大蒜适量

调料

红曲粉、鱼露各 10 克
酱油 50 毫升、蚝油 50 克
白糖 60 克
食用油、水淀粉各适量

做法

1 大蒜、葱白均洗净切碎；洋葱洗净切碎。
2 蚝油加鱼露、白糖、清水、红曲粉、酱油拌匀。
3 热锅注油，倒入葱末和蒜末，翻炒出香味。
4 再加入拌好的调料、洋葱碎，淋入水淀粉，炒至黏稠关火即可。

鲜辣酱

原料

干辣椒 200 克
小虾米 50 克
姜末 20 克
蒜末 30 克

调料

盐少许
食用油适量
冰糖 15 克
蚝油适量

做法

1 干辣椒用开水泡软后，用搅拌机打成辣椒酱。
2 将小虾米放入搅拌机，打成虾粉。
3 锅中注油烧热，爆香姜末、蒜末、虾粉。
4 加入辣椒酱、盐，搅拌均匀，加入冰糖、蚝油，小火慢熬至浓稠即可。

第二章

风味独特的健康零食

如今，很多人在饮食上都注重少油、少盐，于是，“无油烹饪”的空气炸锅便成了不少人心中“好吃不胖还健康”的神器之一。拥有一个空气炸锅，每天既能享受美味小零食，又不用担心长胖，而且做法简单零失败，赶紧动手学起来吧！

香炸薯条

温度：200℃　时间：20 分钟

扫一扫二维码
视频同步做美食

材料

土豆300克

调料

食用油少许

制作方法

1 空气炸锅200℃预热5分钟；土豆去皮洗净，切厚片，再改切条状，放入盘中。
2 土豆条表面刷上少许食用油。
3 将土豆条放入炸锅中，铺匀，炸15分钟。
4 将炸好的薯条取出，装入容器中即可。

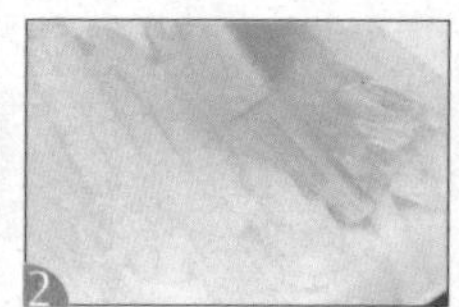
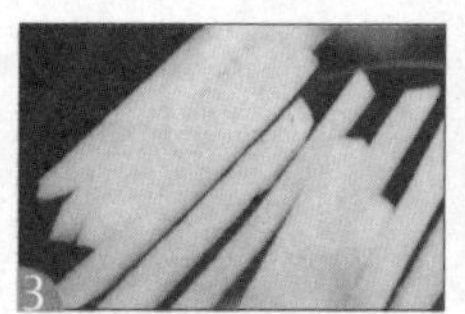

Tips 土豆条表面刷完油之后，也可撒上一些盐再烤制。

蜜烤紫薯

温度：160℃ 时间：5 分钟

温度：140℃ 时间：6 分钟

扫一扫二维码
视频同步做美食

材料

去皮紫薯500克

调料

蜂蜜10毫升
盐少许
食用油适量

制作方法

1 炸锅160℃预热5分钟。
2 紫薯切成厚片；将炸锅拉开，底部刷上食用油，放入紫薯，以140℃烤3分钟。
3 3分钟后，在紫薯表面刷上食用油、蜂蜜，撒上少许盐后，将其翻面，再刷上食用油、蜂蜜，撒上盐后以140℃续烤3分钟。
4 将烤好的紫薯取出装盘即可。

Tips 可以一开始就在紫薯两面都刷上食用油和蜂蜜，这样烤制过程中无须将紫薯翻面。

蜜烤果仁

温度：160℃ 时间：23 分钟

扫一扫二维码
视频同步做美食

材料 

栗仁300克
腰果30克
杏仁25克
核桃30克

调料 

食用油、蜂蜜各适量

制作方法 

1 炸锅中铺入锡纸，160℃预热5分钟，锡纸上刷食用油。
2 放入栗仁，表面刷食用油，烤8分钟。
3 8分钟后，栗仁表面刷上蜂蜜，放入核桃、腰果、杏仁，表面刷食用油和蜂蜜续烤10分钟。
4 拉开空气炸锅，将烤好的果仁取出装盘即可。

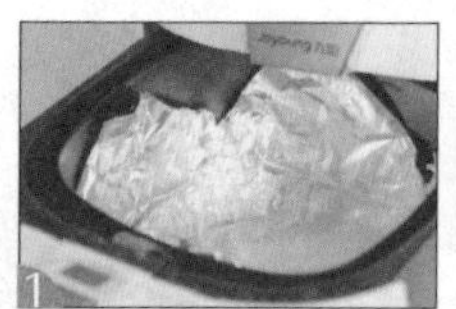
1

2

3

4

Tips

依据果仁量及果仁个体的大小，可适当调整烤制时间。

酥炸洋葱圈

温度：180℃　时间：15 分钟

扫一扫二维码
视频同步做美食

材料 

洋葱200克
鸡蛋1个
面粉、面包糠各适量

调料 

盐适量

制作方法 

1 空气炸锅180℃预热5分钟；洋葱洗净，去根部和头部，切圈，取形状好的放入碗中，加盐，腌渍片刻。
2 鸡蛋打入碗中，制成蛋液，备用。
3 将洋葱圈依次蘸上面粉、蛋液、面包糠后，放入盘中，备用。
4 将洋葱圈放入炸锅中，烤制10分钟后取出，装入碗中即可。

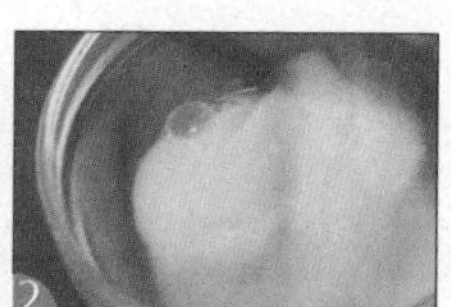
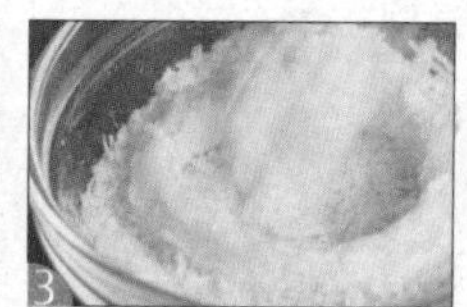
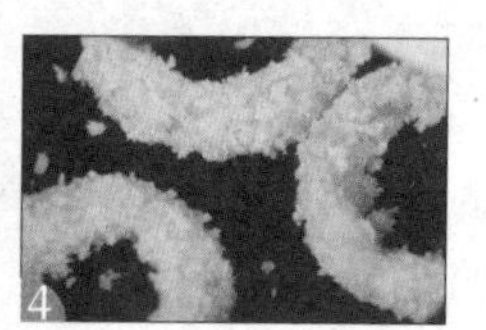

Tips　也可将洋葱圈冷冻后再炸，口感更好。

香烤豆腐

温度：180℃ 时间：13 分钟

材料

豆腐300克

调料 

盐3克

食用油适量

制作方法 

1 空气炸锅180℃预热5分钟。

2 豆腐洗净，切正方形块，用厨房用纸吸去表面水分，刷上少许食用油，撒上盐，抹匀，用竹签将豆腐块穿起。

3 将豆腐块放入炸锅中，时间设定为8分钟，烤制过程中将豆腐块翻几次面。

4 将烤好的豆腐块取出，摆入盘中即可。

Tips 可将买来的豆腐放入淡盐水中泡半个小时后再烹制，这样豆腐就不易碎。

小米素丸子

温度：180℃　时间：15 分钟

材料 

欧芹叶20克
泡发小米100克
面粉200克

调料 

盐少许
黑胡椒粉适量
橄榄油适量

制作方法 

1 欧芹叶洗净，沥干水分，用刀切成碎末。
2 面粉开窝，倒入适量的清水，加入少许橄榄油、盐、面粉，揉搓至软。
3 将面团做成数个小剂子，搓成圆球状，裹上适量小米和欧芹叶，再撒上黑胡椒粉，放入盘中，备用。
4 空气炸锅180℃预热5分钟，放入小米丸子烤约10分钟，至其表面金黄取出。
5 再穿上竹签，用欧芹叶装饰即可。

Tips 小米含有大量的碳水化合物，对缓解精神压力有一定的辅助作用。

云南小瓜镶肉

温度：160℃　时间：15分钟

扫一扫二维码
视频同步做美食

材料 

云南小瓜1个
牛肉泥150克
洋葱碎、胡萝卜碎各40克

调料 

盐4克
黑胡椒碎3克
橄榄油适量

制作方法 

1 炸锅以160℃预热5分钟。

2 云南小瓜洗净，去尾部，切成厚段，用模具去除心部，取尾部切一片，塞到小瓜段的底部，依此将其余的小瓜段制成小瓜盅。

3 将牛肉泥倒入碗中，加洋葱碎、胡萝卜碎、盐、黑胡椒碎、橄榄油拌匀后，依次放入备好的小瓜盅中。

4 将制好的小瓜盅放入炸锅中，表面刷上少许油，以160℃烤10分钟后取出即可。

Tips　如果担心烤制过程中食材的水分蒸发的话，可以用锡纸将其包住。

空气炸锅版炸鸡翅

扫一扫二维码
视频同步做美食

温度：200℃ 时间：25 分钟

材料

鸡翅400克
生粉40克
蛋液60克
面包糠适量

调料 

盐、胡椒粉各3克
生抽8毫升

制作方法 

1 将鸡翅划上一字花刀，放入碗中。
2 依次加入盐、胡椒粉、生抽，拌匀，腌渍20分钟。
3 将腌渍好的鸡翅依次裹上蛋液、生粉、蛋液、面包糠，放入盘中。
4 空气炸锅以200℃预热5分钟。
5 打开空气炸锅，放入腌好的鸡翅，关上炸锅门。
6 以200℃炸15分钟。
7 打开空气炸锅，将鸡翅翻面。
8 关上炸锅门，继续炸5分钟，将炸好的鸡翅放入盘中即可。

Tips 鸡翅表面划上一字花刀，腌渍时会更加入味。

烤金枪鱼丸

温度：180℃　时间：17 分钟

扫一扫二维码
视频同步做美食

材料 

金枪鱼罐头1罐
洋葱碎50克
胡萝卜碎50克
芹菜碎50克
面粉15克

调料 

盐、胡椒粉各少许
地瓜粉5克
食用油适量

制作方法 

1 空气炸锅底部铺上锡纸，刷上食用油，以180℃预热5分钟。
2 金枪鱼肉放入大碗中，加入洋葱碎、胡萝卜碎、芹菜碎、地瓜粉、面粉。
3 再放入胡椒粉、盐、食用油，用筷子将金枪鱼肉弄碎，拌匀，制成数个肉丸，待用。
4 将肉丸放入炸锅内，烤制12分钟后，将烤好的肉丸取出，装入碗中即可。

1

2
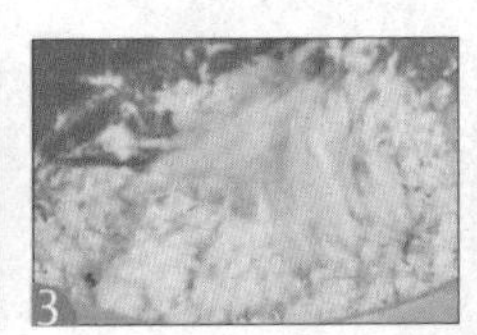
3
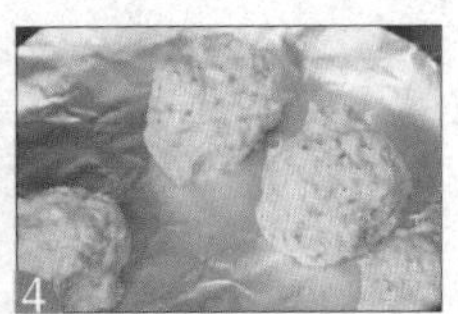
4

Tips 也可买来新鲜的金枪鱼，烹制熟后再放入馅料中，这样丸子味道更新鲜。

腰果小鱼干

温度：150℃　时间：7 分钟

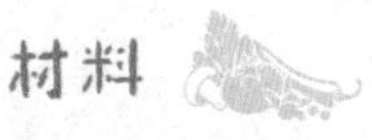

材料

腰果200克
小鱼干150克
葡萄干100克

调料 

食用油适量

制作方法 

1 空气炸锅150℃预热3分钟。
2 将擦拭干净的腰果、小鱼干、葡萄干放入炸锅中，拌匀，表面刷上少许食用油。
3 烤制时间设定为4分钟。
4 将烤好的食材装入碟中即可。

Tips

购买腰果时，以外观呈完整月牙形、色泽白、饱满、气味香、油脂丰富、无蛀虫、无斑点的腰果为佳。

香烤菠萝片

温度：180℃　时间：10分钟

材料 

菠萝肉200克

调料

盐15克
水600毫升

制作方法 

1 将菠萝肉对半切开，再切成片。
2 取一空碗，加入盐，倒入水，拌匀成淡盐水，将菠萝片放入淡盐水中，浸泡8分钟。
3 取出菠萝片，控干水分，再放入炸篮，将炸篮放入空气炸锅，以180℃烤10分钟。
4 取出装盘后即可享用。

1

2

3

4

Tips　烤制前可将菠萝片刷匀蜂蜜，这样风味更佳。

肉桂香烤苹果

温度：180℃　时间：11 分钟

材料 

苹果 200克

调料 

肉桂粉适量

制作方法 

1 苹果洗净；空气炸锅180℃预热5分钟。
2 苹果切厚片后放入盘中，备用。
3 将苹果片放入预热好的空气炸锅中，烤6分钟。
4 将烤好的苹果取出，撒上适量肉桂粉即可。

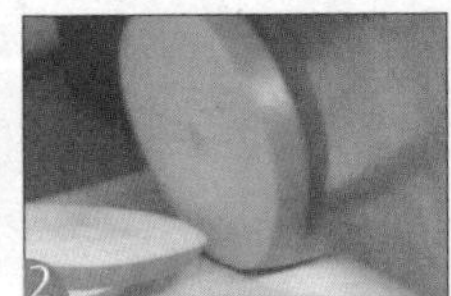

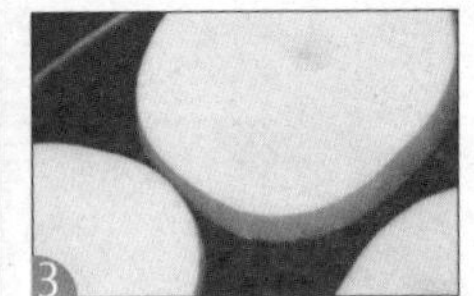

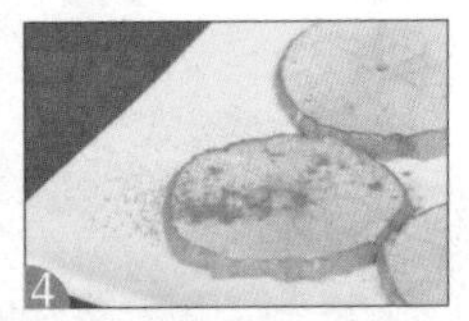

Tips　若将苹果装入保鲜袋，再放进冰箱里，能保存较长时间。

香蕉燕麦卷

温度：180℃ 时间：10 分钟

材料

香蕉260克（2根）

鸡蛋100克（2个）

调料

玉米淀粉30克

即食燕麦片30克

食用油10毫升

制作方法

1 香蕉去皮，切成2厘米长的小段。

2 鸡蛋打散，备用。

3 将香蕉段依次裹匀玉米淀粉、鸡蛋液和燕麦片。

4 在炸篮底部垫上一个硅油纸盘，将香蕉段摆入硅油纸盘，在香蕉段表面刷匀食用油。

5 将炸篮放入空气炸锅，以180℃烤10分钟。

6 取出硅油纸盘，将香蕉燕麦卷装盘后即可享用。

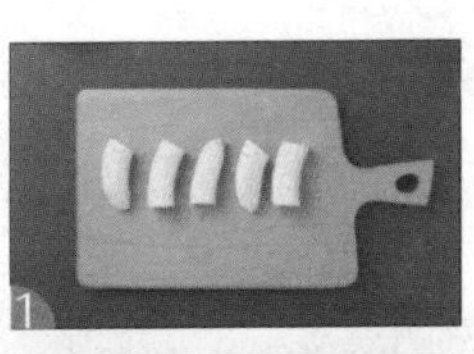

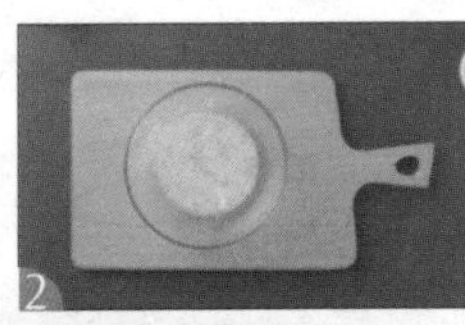

Tips 喜欢吃厚实点的，可以把香蕉段裹完蛋液后再裹一层淀粉。

迷你香蕉一口酥

温度：160℃　时间：15 分钟

材料

香蕉2根
面粉适量

调料

蜂蜜、食用油各适量

制作方法

1 炸锅160℃预热5分钟；将面粉倒入大的容器中，加入适量清水搅拌，将其揉搓成光滑的面团。
2 取一块面团，将其擀成长条形面皮，将香蕉去皮后放在面皮一端上，慢慢地将面皮卷起，包住香蕉，制成面皮卷。
3 去除两边多余的面皮，将其切成小段，制成香蕉酥坯；在香蕉酥坯表面刷上少许食用油。
4 拉开炸锅，锅底刷上少许食用油，放入香蕉酥坯，烤制5分钟后，在食材表面刷上蜂蜜，续烤5分钟后取出即可。

Tips

如担心香蕉氧化变黑，影响品相，可在其表面涂上少许柠檬汁。

烤年糕

温度：180℃　时间：15 分钟

扫一扫二维码
视频同步做美食

材料

年糕200克

调料

白糖15克

香辣酱15克

番茄酱30克

生抽10毫升

制作方法

1 取一空碗，加入白糖、番茄酱、生抽、香辣酱，拌匀制成调味料。
2 将年糕装入锡纸盘中，备用。
3 将装有年糕的锡纸盘放入炸篮，放入空气炸锅，以180℃烤15分钟。
4 取出锡纸盘，将年糕裹匀调味料，装盘后即可享用。

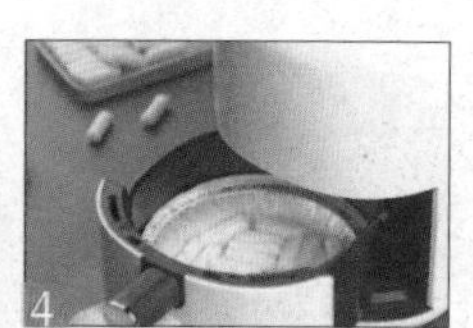

Tips 年糕在烤制之前，可先用开水煮3分钟，再捞出过凉水，这样烤制后口感更棒、风味更佳。

奶酪烤饺子

温度：180℃　时间：11 分钟

材料 

熟水饺12个
马苏里拉奶酪30克
洋葱碎10克
青椒碎10克

调料 

青海苔粉5克
番茄酱20克
甜辣酱20克

制作方法 

1 取一空碗，加入番茄酱、甜辣酱、洋葱碎、青椒碎、青海苔粉，搅拌均匀，制成酱料。
2 将熟水饺依次摆入锡纸盘中，抹上酱料，再撒入马苏里拉奶酪。
3 将锡纸盘放入炸篮，放入空气炸锅，以180℃烤11分钟。
4 取出锡纸盘，待稍凉凉后即可享用。

Tips 切记要使用熟饺子进行烤制，生饺子不易烤熟。

烤糙米饭团

温度：180℃　时间：6 分钟

材料 

糙米饭60克
三文鱼罐头25克
沙拉生菜10克

调料 

日本酱油20毫升
香油5毫升

制作方法 

1 将糙米饭装碗，加入三文鱼罐头、香油，搅拌均匀。
2 将拌匀的糙米饭捏成4个大小均等的椭圆形饭团。
3 将捏好的饭团装入锡纸盘中。
4 在饭团表面刷匀日本酱油。
5 将锡纸盘放入炸篮，放入空气炸锅，以180℃烤6分钟。
6 取出锡纸盘，将饭团装盘后用沙拉生菜稍加装饰后即可享用。

Tips 饭团中包裹的食材可根据自己的喜好调整。

香烤馍片

温度：180℃　时间：6 分钟

扫一扫二维码
视频同步做美食

材料 

馒头50克（1个）
熟白芝麻5克

调料 

白砂糖1.5克
蒜蓉辣酱30克
烧烤粉15克
孜然粉15克
蜂蜜20克
食用油30毫升

制作方法 

1 将馒头切成厚约0.8厘米的大片。
2 取一空碗，加入蒜蓉辣酱、烧烤粉、孜然粉、白砂糖、食用油、熟白芝麻，拌匀，制成料汁。
3 在炸篮底部铺上锡纸盘，将馒头片摆入锡纸盘中，再将馒头片两面刷匀料汁，放入空气炸锅，以180℃烤6分钟。
4 取出锡纸盘，将馒头片装盘后搭配蜂蜜即可享用。

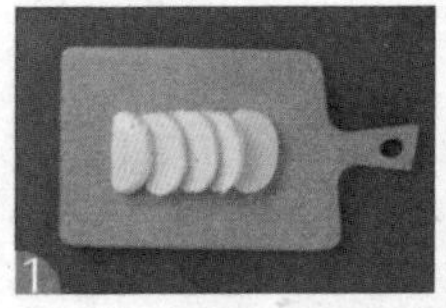
1

2

3

4

Tips　剩余的调味料，可以按照个人喜好再搭配数个馒头进行烤制。

蒜香芝士吐司

温度：180℃　时间：5分钟

扫一扫二维码
视频同步做美食

材料 

切片面包2片
芝士片1片
蒜末15克
葱花10克

调料 

青海苔粉1.5克
软化黄油30克
蜂蜜15克

制作方法 

1 取一空碗，加入蒜末、葱花、蜂蜜、青海苔粉、软化黄油，拌匀制成酱料。
2 取一片面包，在表面抹上一半酱料，铺上芝士片，再盖上另一片面包，最后在面包顶部抹上另一半酱料。
3 将制好的切片面包放入炸篮，放入空气炸锅，以180℃烤5分钟。
4 取出切片面包，装盘后即可享用。

1

2

3

4

Tips 本品为甜口，想吃咸口的可以去掉蜂蜜，改为加入适量盐。

黄油面包条

温度：180℃　时间：8 分钟

扫一扫二维码
视频同步做美食

材料

吐司片2片

调料

白糖10克

蜂蜜20毫升

软化黄油15克

牛奶10毫升

制作方法

1 将吐司片切去四个边，再切成四个长条。

2 取一空碗，倒入软化黄油、白糖、蜂蜜、牛奶，拌匀成调味汁。

3 在炸篮底部垫上一个硅油纸盘。

4 将吐司条摆入硅油纸盘中，在吐司条表面刷匀调味汁。

5 将炸篮放入空气炸锅，以180℃烤8分钟。

6 取出硅油纸盘，将吐司条装盘后即可享用。

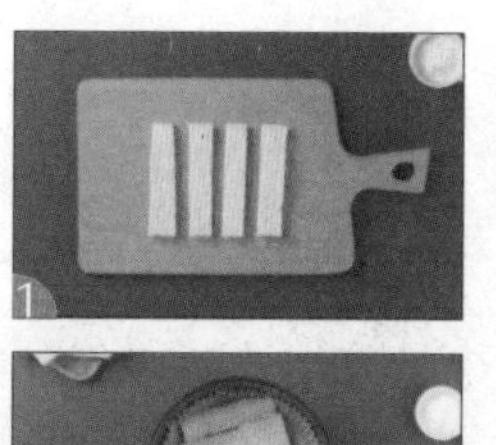

1

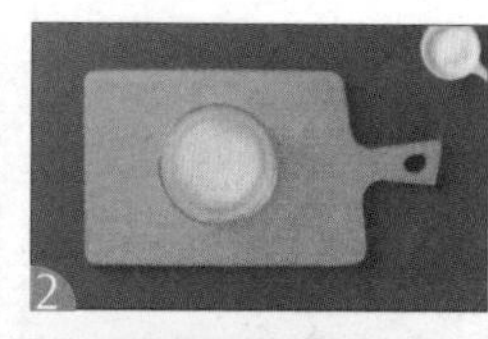

2

3

4

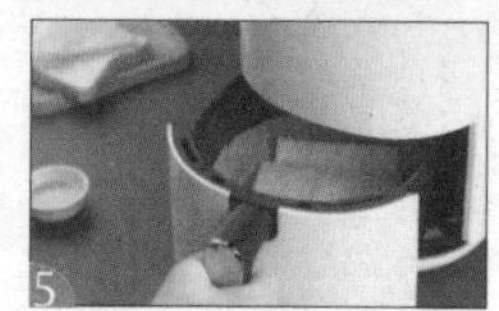

5

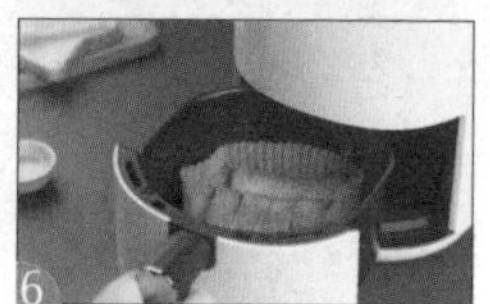

6

Tips　吐司条烤制的时间不要太长，不然表面会煳。

火腿奶酪三明治

温度：180℃　时间：5 分钟

切片面包2片
马苏里拉奶酪20克
火腿片20克（2片）

青海苔粉3克
甜辣酱15克
草莓果酱30克

制作方法

1 取一片面包，在表面抹匀甜辣酱，再铺上火腿片，撒上10克马苏里拉奶酪。
2 再盖上另一片面包。
3 在三明治生坯顶部抹匀草莓果酱，再撒上10克马苏里拉奶酪。
4 再撒上青海苔粉，制成三明治生坯，备用。
5 将三明治生坯放入炸篮，炸篮放入空气炸锅，以180℃烤5分钟。
6 取出三明治，装盘后即可享用。

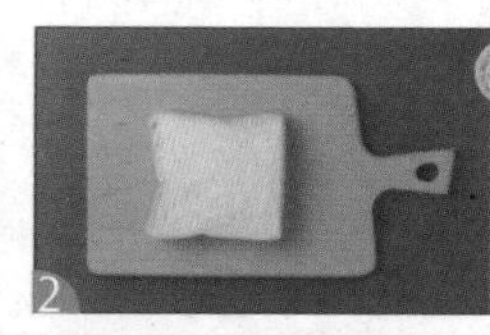

Tips　面包中间夹的食材可以根据自己的喜好调整。

烤小饼干

温度：170℃　时间：15 分钟

扫一扫二维码
视频同步做美食

材料 

低筋面粉150克
蔓越莓干10克

调料 

盐1克
糖粉50克
软化黄油100克

制作方法 

1 将黄油装入碗中，加入糖粉、盐，用刮刀拌匀，筛入低筋面粉，用刮刀搅拌均匀，加入蔓越莓干，拌匀后再用手揉成面团。
2 将面团揉搓成长条状，放入用保鲜膜垫底的长条模具中，压实，裹好。
3 将长条模具冷冻2小时后取出，揭开保鲜膜，将长条面团切成若干厚0.7厘米、长4厘米、宽3厘米的小片，制成小饼干生坯。
4 炸篮底部垫上硅油纸盘，摆入生坯，放入空气炸锅，以170℃烤10分钟。
5 抽出炸篮，依次将饼干翻面，再放入空气炸锅，以170℃烤5分钟。
6 取出小饼干，装盘即可享用。

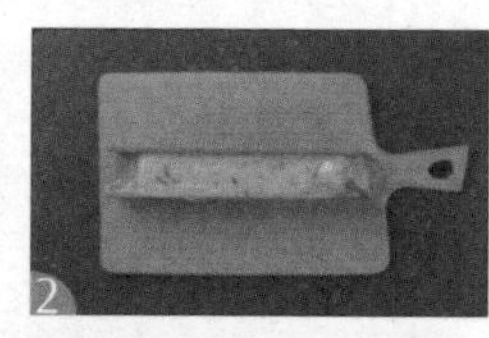

Tips 翻拌面团需要些时间，若想快速成团，可戴上一次性手套揉捏。

花生酥

温度：160℃　时间：20 分钟

扫一扫二维码
视频同步做美食

材料

低筋面粉100克
去皮花生20克
蛋清20克

调料

粗粒花生酱60克
苏打粉1.5克
猪油60克
白砂糖60克

制作方法

1 取一空碗，倒入低筋面粉、苏打粉，混合均匀。
2 另取一空碗，加入猪油、白砂糖、粗粒花生酱、蛋清，搅拌均匀，再筛入步骤1的混合粉，拌匀，制成面团。
3 将面团均分成若干重约25克的小剂子，依次将小剂子搓圆，再将小剂子依次轻轻压实，再放上1粒花生，制成花生酥生坯。
4 在炸篮底部垫上一个硅油纸盘，摆入制好的花生酥生坯，放入空气炸锅，以160℃烤15分钟。
5 抽出炸篮，依次将花生酥翻面，再放入空气炸锅，以160℃烤5分钟。
6 取出花生酥，装盘后即可享用。

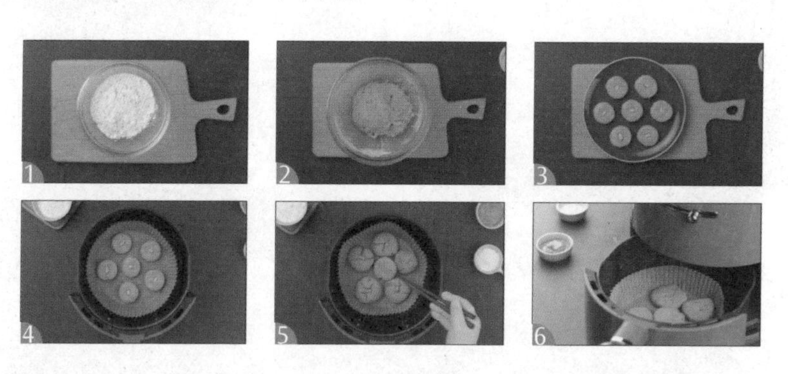

Tips

花生酥热量较高，且胆固醇含量也高，一次不宜吃太多哟！

玫瑰苹果酥

温度：180℃　时间：10 分钟

扫一扫二维码
视频同步做美食

材料

苹果250克（1个）

速冻酥皮30克（1块）

调料

白砂糖20克

制作方法

1 将苹果洗净，切成薄片；速冻酥皮解冻，切成两半。

2 将酥皮切成三等份的长条，在酥皮上方铺上苹果片。

3 将下方的酥皮向上折，卷起成玫瑰花状，接口处捏紧、固定，制成玫瑰苹果酥生坯。

4 将玫瑰苹果酥生坯装盘，再均匀地撒入白砂糖。

5 在炸篮底部垫上一个硅油纸盘，摆入玫瑰苹果酥生坯，放入空气炸锅，以180℃烤10分钟。

6 取出玫瑰苹果酥，装盘后即可享用。

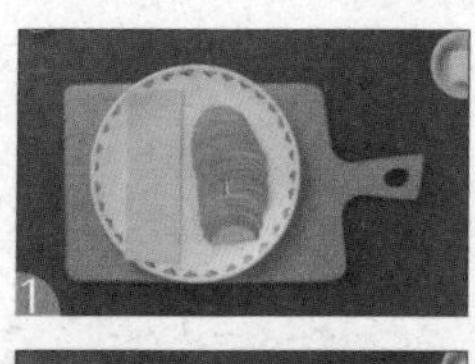

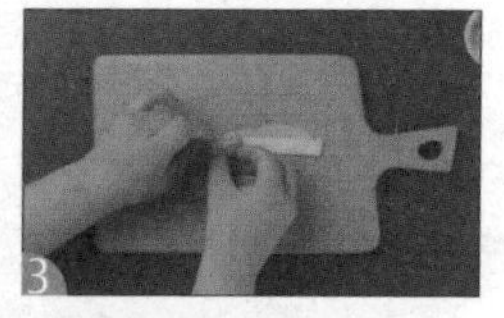

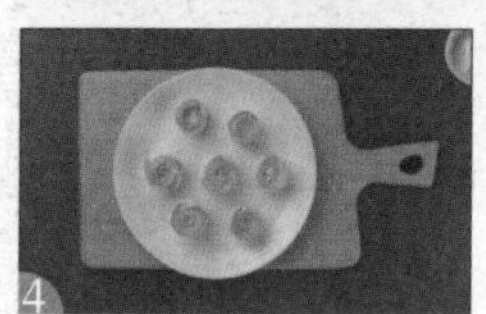

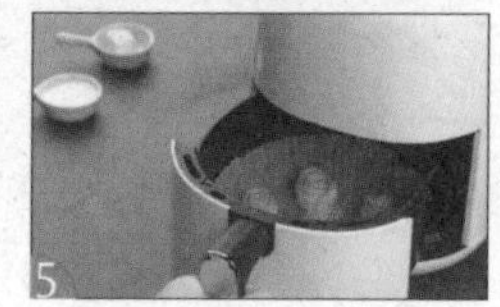

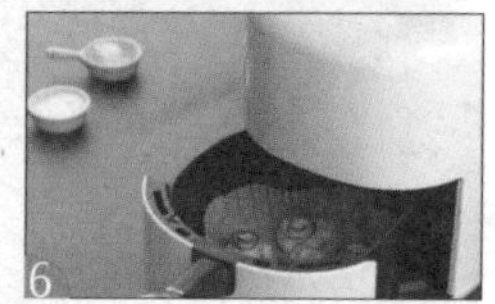

Tips　切苹果片时，可使用削皮刀，这样切出来的苹果片更薄，而且纹理更清晰。

芝麻酥饼

温度：170℃　时间：10 分钟

材料

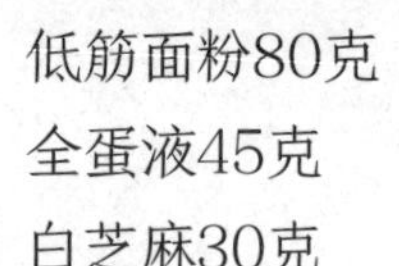

低筋面粉80克
全蛋液45克
白芝麻30克

调料

白砂糖25克
玉米淀粉15克
苏打粉0.5克
橄榄油10毫升
水10毫升

制作方法

1 低筋面粉过筛，装入大碗中，再加入全蛋液、白砂糖、橄榄油、玉米淀粉、苏打粉，搅拌均匀成光滑的面团。
2 将面团均分成若干重约15克的小剂子，再将小剂子依次搓圆，制成小面团。
3 将小面团表面刷匀水，再放入装有白芝麻的碗中，轻轻滚动使小面团表面裹匀白芝麻。
4 再将小面团依次用手掌压扁，制成酥饼生坯。
5 在炸篮底部垫上一个硅油纸盘，摆入酥饼生坯，放入空气炸锅，以170℃烤10分钟。
6 取出芝麻酥饼，待稍凉凉后即可享用。

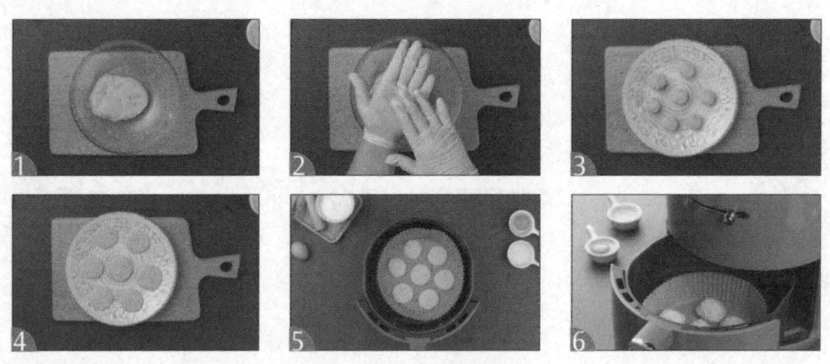

Tips　因为酥饼在烤制时会受热膨胀，所以在压制酥饼生坯时，可以尽量将小面团压薄一点。

芝士法棍

温度：180℃　时间：11 分钟

扫一扫二维码
视频同步做美食

材料

芝士碎200克
腊肠150克
菠菜45克
法棍200克
西红柿150克
罗勒叶适量

调料 

食用油适量

制作方法 

1 将炸锅180℃预热3分钟；备好的法棍切成小块。
2 洗净的菠菜沥干水分，切碎后装入碗中；西红柿洗净擦干，切小瓣，装入碗中；腊肠斜刀切薄片后装入碗中。
3 在法棍片上放上菠菜、腊肠片、芝士碎。
4 打开炸锅，锅底刷少许食用油，放入法棍片，烤8分钟后取出，装入盘中，装饰上西红柿和罗勒叶即可。

Tips 法棍片上的蔬菜和芝士可依个人口味和喜好任意添加。

第三章 清香素丽的缤纷蔬食

蔬菜可以说是生活中最为常见的食材，白菜、黄瓜、南瓜、土豆、莲藕、金针菇……这些食材虽然谈不上贵重稀有，却有着让人百吃不厌的神奇魔力。使用空气炸锅，烹制出健康蔬食，既能健脾开胃，又能为健康加分！

芹菜香干

温度：180℃　时间：3 分钟

扫一扫二维码
视频同步做美食

材料 

香干100克
芹菜40克
红椒15克
熟白芝麻2克

调料 

盐2克
蚝油10克
食用油10毫升

制作方法 

1 香干切成条状；芹菜洗净，切段；红椒切片。
2 碗中倒入香干，加入红椒片、芹菜段、盐、蚝油、食用油，拌匀。
3 将拌好的食材平铺入炸篮，放入炸锅，以180℃烤3分钟。
4 取出烤好的芹菜香干，装盘后撒入熟白芝麻即可。

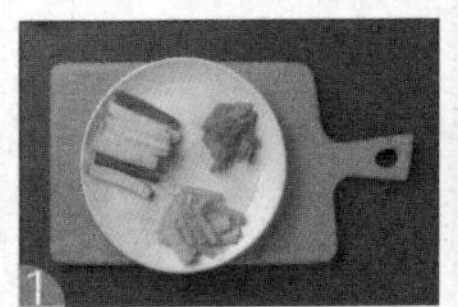

Tips 此菜肴宜选择酱香干，味道更醇厚。浓浓的酱香味与芹菜的脆爽口感融合，令人食指大动。

蜜烤香蒜

温度：160℃　时间：13 分钟

扫一扫二维码
视频同步做美食

材料 

芝士适量
蒜头300克

调料 

食用油少许
蜂蜜适量

制作方法 

1 炸锅160℃预热5分钟；芝士切成碎，装入碗中；蒜头去根部、外皮，放入热水中焯一下。

2 将蒜捞出，放入碗中，待凉后切去顶部；将蜂蜜倒入锅中，放入蒜头，小火煮约10分钟。

3 将煮好的蒜取出，顶部的切面撒上适量芝士碎。

4 拉开炸锅，锅底刷上食用油，将蒜头放入炸锅中，以160℃烤8分钟后取出即可。

1

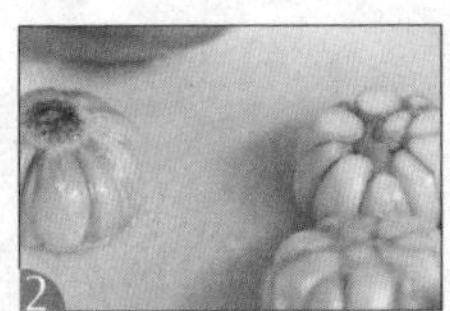
2

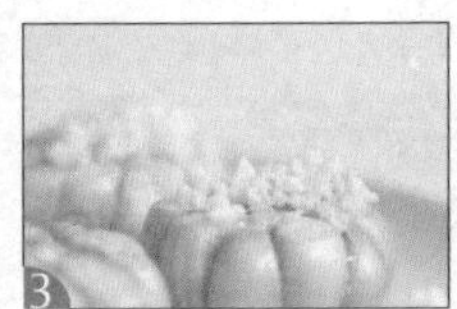
3

4

Tips

也可以将蒜身用锡纸包住，有芝士的部分露在外面，这样蒜更易烤入味。

芝士茄子

扫一扫二维码
视频同步做美食

温度：160℃ 时间：13分钟

材料 

茄子1根
红彩椒30克
黄彩椒30克
芝士适量

调料

盐少许
食用油适量

制作方法 

1 拉开炸锅，锅底刷上少许食用油，以160℃预热5分钟；茄子洗净，去根部，对半切开后，切去尾部。

2 芝士切成碎末，装入碗中；红彩椒、黄彩椒均洗净，切成碎末，装入碗中。

3 茄子的切面上撒上少许盐，再放上芝士碎，制成芝士茄子生坯。

4 炸锅中放入茄子生坯，表面刷上食用油，以160℃烤8分钟后，将烤好的茄子取出，撒上适量彩椒碎即可。

Tips 茄子切开后如不马上烹制，由于氧化作用会很快由白变褐。可将其泡入水中，待烹制前取出，擦干水分即可。

香烤茄片

温度：150℃　时间：15 分钟

扫一扫二维码
视频同步做美食

材料

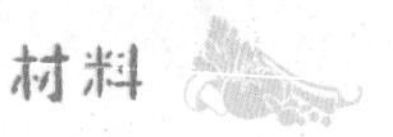

茄子1根
蒜末、香菜碎各适量

调料

盐2克
食用油适量

制作方法

1 空气炸锅150℃预热5分钟；茄子洗净，切厚片。
2 在茄片表面刷上食用油，撒上少许盐。
3 将茄片放入预热好的炸篮内，推入炸锅，烤制10分钟。
4 将烤好的茄子取出，装入碗中，撒上适量的蒜末、香菜碎即可。

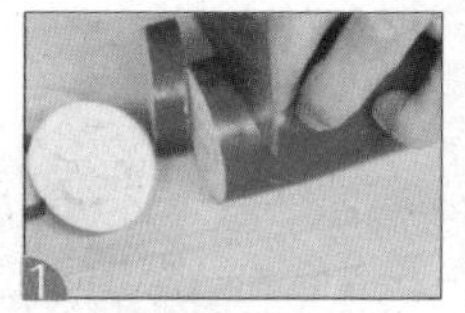

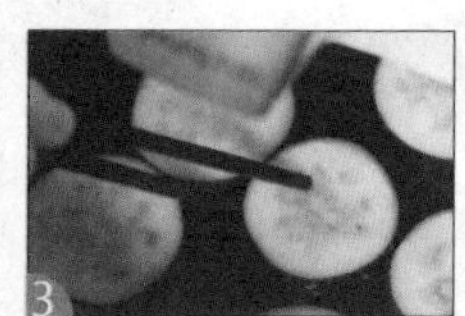

Tips 虚寒腹泻、皮肤疮疡、目疾患者均不宜食用茄子。

香烤南瓜

温度：150℃ 时间：15 分钟

材料 

南瓜200克

调料 

盐2克
食用油适量

制作方法 

1 空气炸锅150℃预热5分钟；南瓜洗净，去瓤，切扇形，备用。
2 在切好的南瓜表面均匀地刷上食用油，再撒上少许盐，抹匀。
3 将南瓜放入预热好的炸锅中，烤约10分钟。
4 将烤好的南瓜取出，装入碗中即可。

Tips 南瓜中所含有的胡萝卜素耐高温，多刷些油烤制，更有助于人体吸收。

烤云南小瓜

温度：180℃　时间：11分钟

材料 

云南小瓜200克

蒜末、莳萝草碎各适量

调料 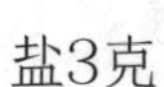

盐3克

食用油适量

制作方法 

1 空气炸锅180℃预热3分钟；云南小瓜洗净，切片。

2 在瓜片表面刷上食用油，撒上盐，抹匀。

3 将瓜片放入炸锅中，烤8分钟。

4 将烤熟的瓜片取出，放入容器中，撒上蒜末、莳萝草碎即可。

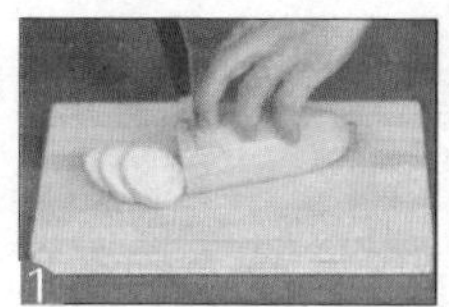

1

2

3

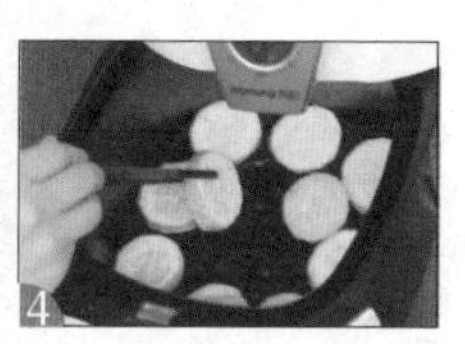

4

Tips 瓜片外也可裹面粉、蛋液，这样有助于人体动物蛋白的补充。

烤胡萝卜杂蔬

温度：160℃ 时间：11 分钟

材料 

胡萝卜200克

黄彩椒150克

西葫芦200克

调料 

盐5克

食用油少许

制作方法 

1 胡萝卜洗净，沥干水分；黄彩椒洗净，切月牙形小瓣；西葫芦洗净，切成约0.5厘米厚的片。

2 空气炸锅160℃预热3分钟。

3 在蔬菜表面刷上少许食用油，再均匀地撒上盐，放入炸锅中。

4 烤约8分钟，将烤熟的食材取出，待稍稍放凉后即可食用。

Tips 将胡萝卜加热，放凉后用密封容器冷藏保存，可保鲜5天。

凉拌烤西葫芦

温度：180℃　时间：5分钟

扫一扫二维码
视频同步做美食

材料 

西葫芦200克（1根）
红椒20克
葱10克
蒜瓣15克

调料 

白糖2克
盐2克
辣椒粉15克
生抽15毫升
食用油5毫升

制作方法 

1 西葫芦洗净，切成0.8厘米厚的圆片；红椒切圈；蒜瓣切片；葱切葱花。

2 取一空碗，放入葱花、蒜片、红椒圈，倒入盐、白糖、辣椒粉、生抽、食用油，搅拌均匀，制成调味汁。

3 将西葫芦片整齐摆入炸篮中，放入炸锅，以180℃烤5分钟。

4 取出烤好的西葫芦片，摆盘，再淋入调味汁即可。

1

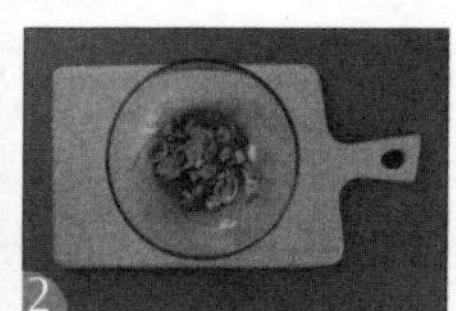
2

3

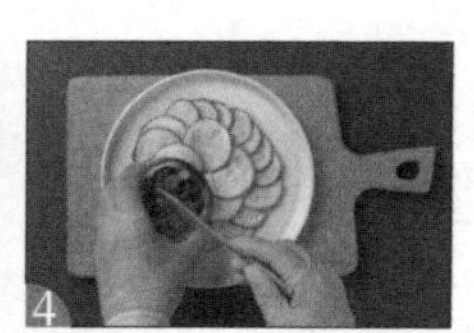
4

Tips 若更喜欢软嫩的口感，西葫芦片可切得厚些，烤制时间适当延长2～3分钟即可。

烤土豆圣女果

温度：180℃　时间：19分钟

扫一扫二维码
视频同步做美食

材料

土豆仔200克
圣女果200克

调料

盐4克
食用油适量

制作方法

1 空气炸锅180℃预热5分钟；土豆仔、圣女果均洗净，擦干，用竹签依次穿起后，摆入盘中。

2 在土豆仔、圣女果串表面刷上食用油，撒上少许盐，抹匀。

3 将土豆仔、圣女果串放入炸锅中，烤制14分钟。

4 将烤好的土豆仔、圣女果取出，放入盘中即可。

Tips

如担心圣女果会烤得太干、太老，可将圣女果和土豆仔散放在锅中直接烤。

吉祥如意烤三椒

温度：180℃　时间：5 分钟

扫一扫二维码
视频同步做美食

材料

青圆椒100克
黄彩椒100克
红彩椒100克
熟白芝麻2克

调料

盐3克
孜然粉8克
五香粉2克
食用油15毫升

制作方法

1 将红彩椒、黄彩椒、青圆椒分别切成片。
2 碗中倒入青圆椒、黄彩椒、红彩椒，加入盐、孜然粉、五香粉、食用油，拌匀腌渍3分钟。
3 将拌好的三色椒平铺入炸篮中，放入炸锅，以180℃烤5分钟。
4 取出烤好的三色椒，装盘，撒入熟白芝麻即可。

Tips

可根据喜好搭配其他蔬菜一起烤制。

香菇烩莴笋

温度：180℃　时间：5分钟

扫一扫二维码
视频同步做美食

材料

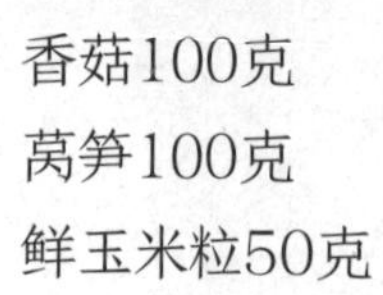

香菇100克
莴笋100克
鲜玉米粒50克
红椒10克

调料

盐1.5克
鸡粉2克
食用油15毫升

制作方法

1 香菇洗净，在菌盖表面切十字花刀；莴笋去皮，洗净后切0.5厘米的薄片；红椒切片。
2 将香菇放入沸水中炖煮，5分钟后捞出备用。
3 香菇装碗，加入莴笋片、红椒片、玉米粒、盐、鸡粉、食用油，拌匀腌渍3分钟。
4 在炸篮底部垫上一个锡纸盘。
5 将腌渍的食材倒入锡纸盘，铺平，放入炸锅，以180℃烤5分钟。
6 取出烤好的食材，装盘后即可享用。

Tips 烤制前可将玉米粒铺于底层，这样玉米粒不易烤焦。

烤芦笋

温度：150℃ 时间：12 分钟

材料

芦笋200克

调料

盐3克

食用油少许

制作方法

1 空气炸锅150℃预热5分钟；将芦笋洗净，擦干表面水分，切去根部。
2 将芦笋表面刷上少许食用油，撒上盐。
3 将芦笋放入炸锅中，烤制7分钟。
4 将烤好的芦笋取出，装入盘中即可。

Tips 选购芦笋时，以色白、尖端紧密、无空心、无开裂、无泥沙者为佳。

烤藕片

温度：180℃　时间：9 分钟

扫一扫二维码
视频同步做美食

材料

莲藕250克

调料

盐2克
食用油适量

制作方法

1 空气炸锅180℃预热3分钟；洗净去皮的莲藕切成片，装入盘中，待用。

2 莲藕片表面刷上少许食用油，撒上盐。

3 放入空气炸锅，烤约6分钟。

4 将烤好的莲藕片装入碗中即可。

Tips 脾胃消化功能低下、大便溏泄者及产妇都不宜食用莲藕。

芝士红薯

温度：160℃ 时间：13 分钟

材料 

蒸熟的红薯300克

芝士适量

黄油少许

核桃碎、杏仁碎各20克

调料 

食用油适量

制作方法 

1 炸锅160℃预热5分钟；芝士切成碎末，装入碗中；将蒸熟的红薯稍稍切去一边后，将红薯肉挖出。

2 将挖出的红薯肉装碗，加入黄油、核桃碎、杏仁碎搅拌均匀。

3 将拌好的红薯泥再装入红薯中。

4 填好的红薯上放上芝士，拉开炸锅，锅底刷上少许食用油，放入红薯后，以160℃烤8分钟，取出即可。

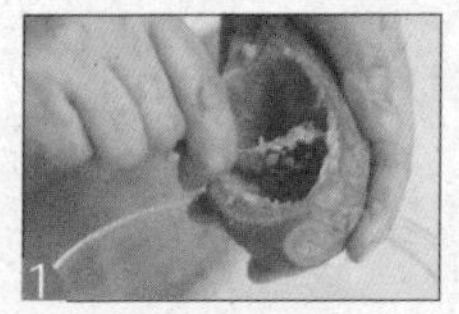
1

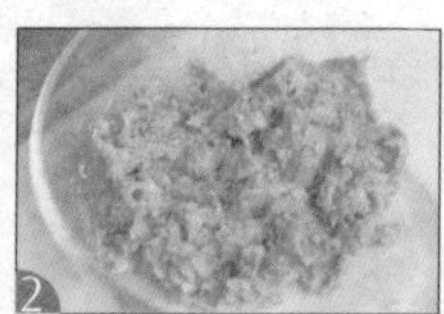
2

3

4

Tips 挖红薯泥时，红薯壁要保留一定厚度，以防止其形状破损。

玉米双花

温度：150℃　时间：8 分钟

材料 

玉米1根
西蓝花50克
花菜50克

调料 

食用油、盐各适量

制作方法 

1 空气炸锅150℃预热3分钟。
2 西蓝花、花菜均洗净，擦干水分，切小朵；玉米切段；将切好的食材装入碗中。
3 将少许盐撒入碗中，拌匀。
4 将预热好的炸锅拉开，炸篮刷上少许食用油，放入玉米、西蓝花和花菜，在食材的表面刷上食用油，以150℃烤5分钟。
5 打开炸锅，将烤好的西蓝花、玉米和花菜取出，装入盘中即可。

Tips

将花菜放入盐水中浸泡几分钟，有助于清除残留农药。选购花菜时，以花球周边不松散、无异味、无毛花者为佳。

香烤玉米杂蔬

温度：180℃ 时间：8分钟

材料 

罐装玉米粒150克
口蘑50克
青椒40克
红彩椒50克

调料 

盐适量
白胡椒粉适量
食用油适量

制作方法 

1 空气炸锅底部铺上锡纸，锡纸上刷上食用油，180℃预热3分钟。
2 口蘑洗净切薄片；红彩椒、青椒均洗净，去籽切小块。
3 青椒、红彩椒、口蘑、玉米粒放入炸锅中，加入盐、白胡椒粉拌匀。
4 以180℃烤制5分钟后，将烤好的食材倒入盘中即可。

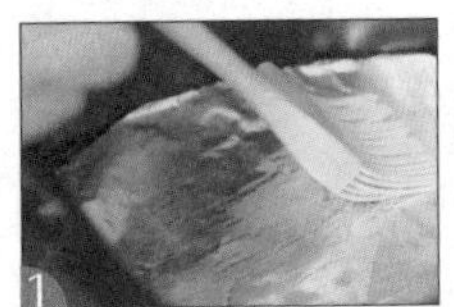
1

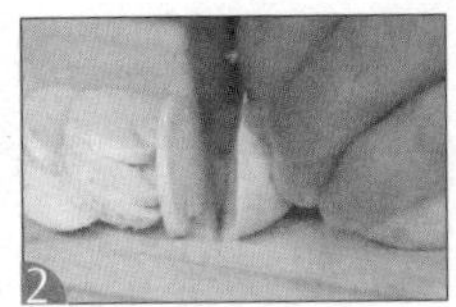
2

3

4

Tips 食欲不佳或伤风感冒、风湿性疾病患者可多食用些青椒。

蘑菇盅

温度：160℃　时间：15 分钟

扫一扫二维码
视频同步做美食

材料 

口蘑10个
红彩椒1个
培根50克
芝士、米饭各适量

调料 

盐、白胡椒粉各少许
食用油适量

制作方法 

1 炸锅160℃预热5分钟；口蘑洗净，去蒂，仅留下头的部分；红彩椒洗净，切成碎末，装碗。

2 培根切碎；芝士切小丁；米饭装碗，加入红彩椒碎、培根碎、盐、白胡椒粉、食用油拌匀。

3 取一个口蘑，装入适量米饭，余下的口蘑依次装入米饭，再在米饭上放上适量芝士碎。

4 拉开炸锅，锅底刷油，放入口蘑，以160℃烤10分钟后，将烤好的食材取出，装入盘中即可。

1

2

3
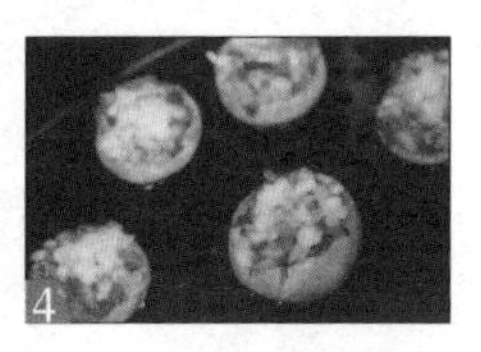
4

Tips　米饭中加入的食材可依个人口味更改。

干锅杏鲍菇

温度：180℃　时间：8 分钟

材料

杏鲍菇200克（4根）
香菜10克

调料

孜然粉3克
烧烤酱30克
食用油15毫升

制作方法

1 杏鲍菇洗净，切片；香菜切末。
2 容器中倒入孜然粉、烧烤酱、食用油，拌匀调成味汁。
3 将杏鲍菇平铺入盘中，两面刷匀味汁，再将杏鲍菇平铺入炸篮中，放入炸锅，以180℃烤8分钟。
4 取出杏鲍菇，装盘后撒上香菜即可。

1

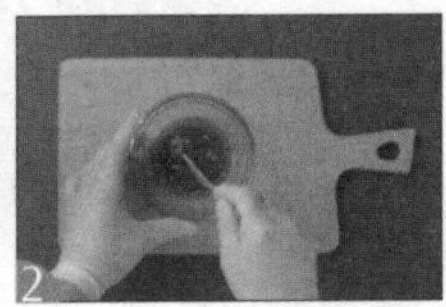
2

3

4

Tips 中途可抽出炸篮，将杏鲍菇翻动一下，使其受热均匀。

风味烤毛豆

温度：180℃　时间：10分钟

扫一扫二维码
视频同步做美食

材料 

毛豆200克
红辣椒15克

调料 

盐2克
五香粉8克
孜然粉5克
食用油15毫升

制作方法 

1 红椒切圈。
2 取一空碗，放入毛豆，加入红椒圈，再加入孜然粉、五香粉、盐、食用油，拌匀。
3 将拌好的食材倒入炸篮中，铺平，放入炸锅，以180℃烤10分钟。
4 取出烤好的毛豆，装盘即可。

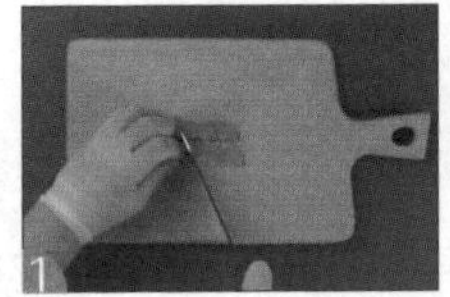
1

2

3

4

Tips 烤制毛豆也可保留毛豆荚，洗干净后加粗盐烘烤，别有一番风味。

a sting recovered a few

面包丁沙拉

温度：180℃ 时间：5分钟

扫一扫二维码
视频同步做美食

材料

吐司面包1片
圣女果40克
菠萝30克
蓝莓10克
熟鸡蛋50克（1个）
生菜15克

调料

芝士粉5克
沙拉酱15克
融化黄油15克
橄榄油5毫升

制作方法

1 圣女果对半切开；菠萝切丁；熟鸡蛋去壳，对半切开；面包切成1厘米大小的小丁。

2 将面包丁装碗，加入黄油，充分拌匀。

3 将面包丁平铺入炸篮中，放入炸锅，以180℃烤5分钟。

4 取出烤好的面包丁，装碗，倒入蓝莓、圣女果、菠萝、沙拉酱、生菜、橄榄油，拌匀后放上鸡蛋，撒入芝士粉即可。

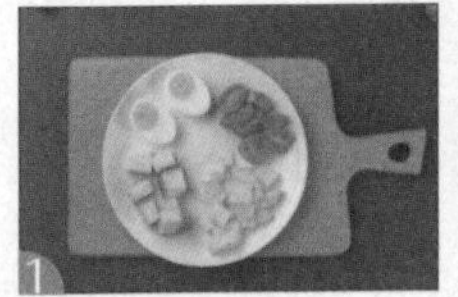
1

2

3

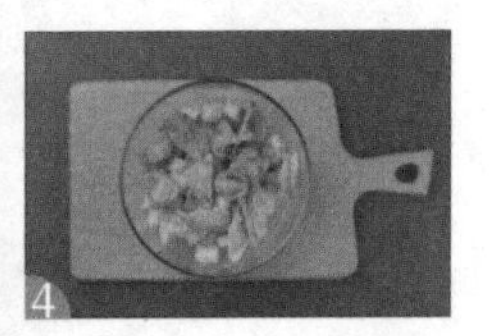
4

Tips

如喜欢更酥脆的口感，可将面包丁烤制时间延长1～2分钟。

第四章 百吃不厌的畜肉蛋禽

选对食材，科学对待饮食，吃肉也可以成为一种健康的饮食方式。空气炸锅的出现满足了人们享受喷香畜肉和营养禽蛋的欲望，烤排骨、烤五花肉、烤牛肉、烤羊肉、苏格兰蛋……如此多的美味畜肉和营养禽蛋，好吃到会吓自己一跳！

苏格兰蛋

温度：160℃　时间：15 分钟

扫一扫二维码
视频同步做美食

材料

猪肉馅400克
熟鹌鹑蛋200克
葱花少许
面粉适量
面包糠少许
蛋液适量

调料

黑胡椒碎适量
盐3克
生抽3毫升
料酒8毫升
橄榄油6毫升

制作方法

1 炸锅160℃预热5分钟；肉馅装碗，加蛋液、葱花、盐、黑胡椒碎、橄榄油、料酒、生抽、面粉拌匀。

2 手中抹上适量面粉，取肉馅放手中，制成肉饼，鹌鹑蛋蘸面粉放肉饼上，用肉饼将鹌鹑蛋包住，再蘸上面包糠。

3 依次制成数个苏格兰蛋，再在蛋的表面刷上橄榄油，放入炸锅中，以160℃烤10分钟。

4 将烤好的苏格兰蛋取出，装入盘中，装饰一下即可。

Tips 也可以在肉馅中加入自己喜欢的蔬菜，这样营养更丰富。

西葫芦煎蛋饼

温度：180℃　时间：18 分钟

鸡蛋3个
西葫芦1个
面粉适量

调料

盐少许
食用油适量

制作方法

1 空气炸锅底部铺上锡纸，锡纸上刷上食用油，180℃预热3分钟；西葫芦洗净，切细丝，撒少许盐，出水后打入鸡蛋，搅散。
2 再放入少许清水，分次加入面粉，边加边搅，拌至浓稠状，制成数个饼坯。
3 放入空气炸锅中，以180℃烤15分钟。
4 将饼取出，放入盘中即可。

Tips
煎制过程中最好将饼坯反复翻面数次。

牛油果烤蛋

温度：180℃　时间：16 分钟

扫一扫二维码
视频同步做美食

牛油果300克（2个）
鹌鹑蛋30克（3个）
熟白芝麻2克

盐1.5克
白胡椒粉1.5克

1 牛油果对半切开，去核。
2 将鹌鹑蛋打入碗中，备用。
3 将鹌鹑蛋依次倒入牛油果的果核位置，再撒上盐、白胡椒粉。
4 在炸篮底部垫上一个硅油纸盘。
5 将牛油果摆入硅油纸盘中，放入空气炸锅，以180℃烤16分钟。
6 取出，将牛油果装盘后，撒入熟白芝麻即可享用。

Tips

为防止蛋液溢出，可将牛油果底部切平整。另外，若家中的炸篮容量较大，可以4份一起烤制。

焗牛油果肉碎

扫一扫二维码
视频同步做美食

温度：180℃　时间：10 分钟

材料 

牛油果300克（2个）
猪肉馅100克
马苏里拉奶酪15克

调料 

白糖2克
盐1.5克
白胡椒粉1克
食用油5毫升

制作方法 

1 牛油果对半切开，去核。
2 猪肉馅装碗，加入白糖、盐、白胡椒粉、食用油，拌匀腌渍10分钟至入味。
3 将猪肉馅填入果核位置，再撒上马苏里拉奶酪，按此步骤制成数个牛油果生坯。
4 在炸篮底部垫上一个硅油纸盘。
5 将制好的牛油果生坯摆入炸篮，放入炸锅，以180℃烤10分钟。
6 取出装盘即可享用。

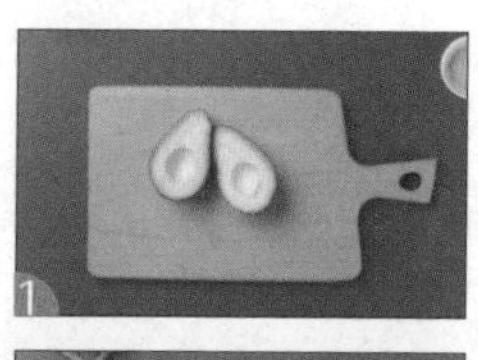

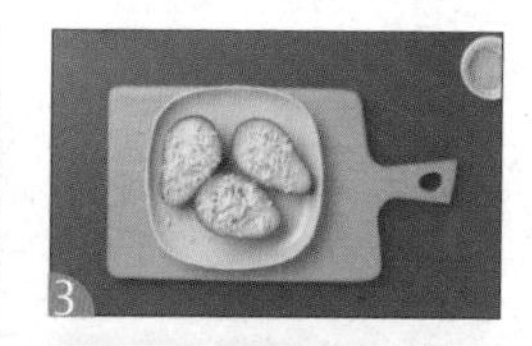

Tips 取牛油果果核时，用小勺子轻轻剜出即可，用力不可过度，否则易导致牛油果损坏。

培根绿豆角

温度：180℃　时间：15 分钟

扫一扫二维码
视频同步做美食

材料

培根100克
豆角300克

调料

盐3克
橄榄油适量

制作方法

1 炸锅180℃预热5分钟；豆角洗净，切成适当长度。
2 将培根放在砧板上，豆角平放在培根的一头，慢慢将培根卷起，最后用牙签固定。依次制成培根豆角卷。
3 豆角表面刷上少许橄榄油，撒上盐，抹匀。
4 将培根豆角放入炸锅中，以180℃烤制10分钟后，将烤好的培根豆角取出，装入盘中，食用前取出牙签即可。

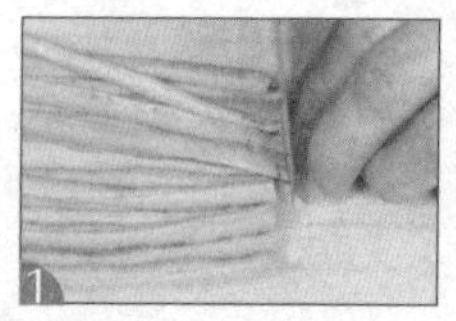

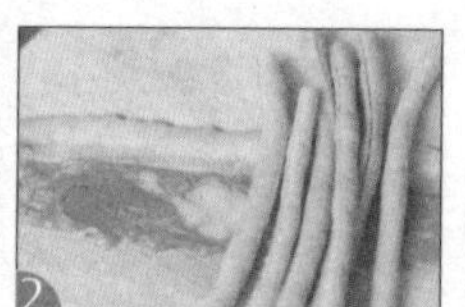

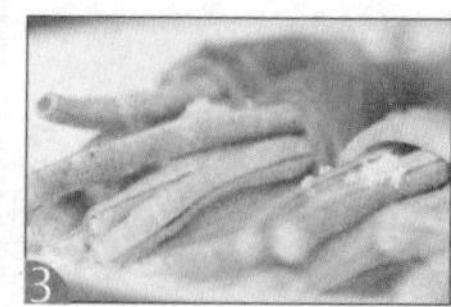

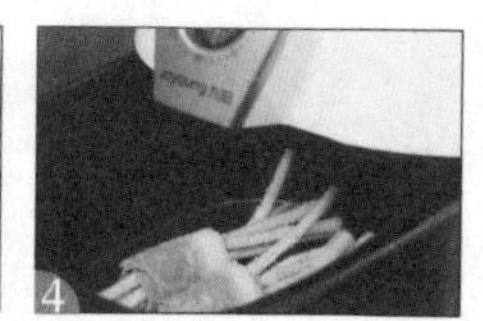

Tips

绿豆角可以用水焯过后再烤，这样可以缩短烤制时间。

番茄酱肉丸

温度：200℃　时间：18 分钟

材料 

肉馅200克
洋葱50克
胡萝卜40克
去皮马蹄30克

调料 

盐5克
鸡粉3克
白胡椒粉5克
干淀粉适量
番茄酱40克
料酒8毫升
橄榄油8毫升

制作方法 

1 空气炸锅200℃预热3分钟；洋葱、胡萝卜均洗净切成末；去皮马蹄切成末。

2 将肉馅与洋葱末、胡萝卜末、马蹄末拌匀，加入盐、料酒、白胡椒粉。

3 再放入鸡粉、橄榄油、干淀粉拌匀，制成数个肉丸，放入炸锅中以200℃烤15分钟。

4 将烤好的肉丸取出，放入盛有番茄酱的碗中，均匀地裹上番茄酱，装入碗中即可。

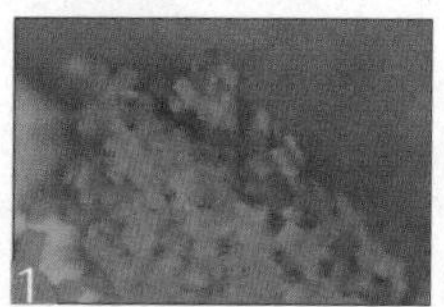
1

2

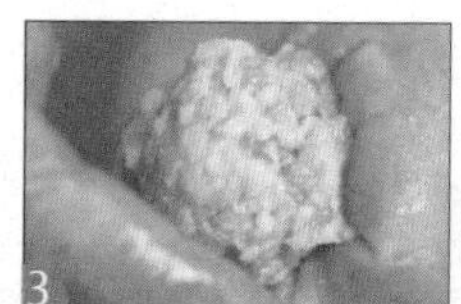
3

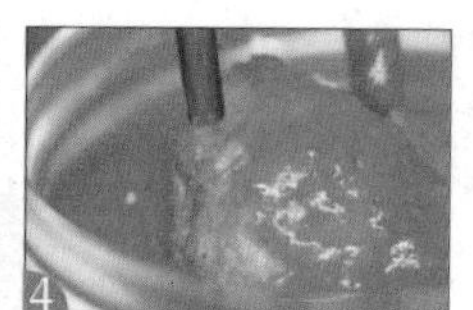
4

Tips 肉馅中可以加入一些鸡蛋清，这样肉丸不易松散。

韩式香烤五花肉

温度：160℃　时间：15 分钟

材料 

五花肉片300克
韩式辣椒酱30克
生菜70克
蒜片10克

调料 

白芝麻少许
食用油5毫升

制作方法 

1 炸锅160℃预热5分钟；五花肉片倒入碗中，加入蒜片、食用油拌匀，腌渍片刻。

2 将腌好的五花肉片放入炸锅中，以160℃烤10分钟。

3 生菜叶洗净，擦干水分铺入盘中；拉开炸锅，将烤好的五花肉取出。

4 将烤好的五花肉摆在生菜上，刷上适量韩式辣椒酱，撒上白芝麻即可。

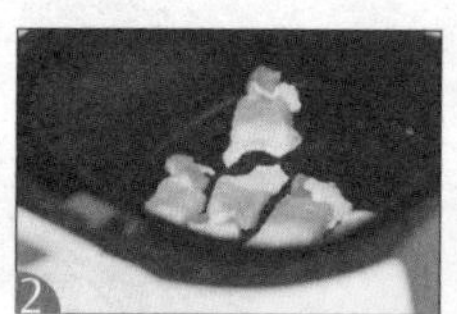

Tips

如果肉片切得较薄，可以适当缩短烤制的时间。

照烧肋排

温度：180℃　时间：21分钟

材料

猪肋排400克

蒜末10克

调料

照烧酱80克

盐4克

清酒15毫升

食用油10毫升

制作方法

1 将猪肋排装碗，再加入蒜末、盐、清酒、食用油，拌匀腌渍30分钟至入味。

2 在炸篮底部垫上一个锡纸盘。

3 在锡纸盘里平铺上猪肋排，刷匀照烧酱，放入空气炸锅，以180℃烤15分钟。

4 抽出炸篮，将猪肋排翻面。

5 继续在猪肋排上刷匀照烧酱，放入空气炸锅，再以180℃烤6分钟。

6 取出，装盘后即可享用。

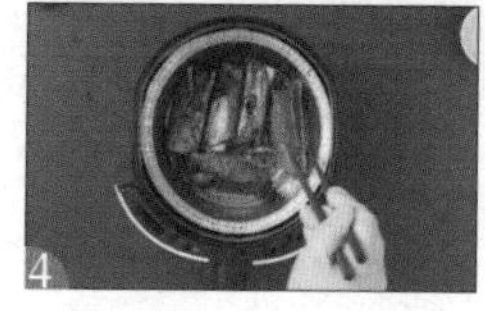

Tips 腌制猪肋排时，可加入适量照烧酱，这样猪肋排会更加入味。

奥尔良烤排骨

温度：180℃　时间：15 分钟

材料 

猪肋排300克

调料 

奥尔良腌料25克

水10毫升

制作方法 

1 取一大碗，加入奥尔良腌料和水，拌匀成腌料汁。

2 碗中再放入猪肋排，拌匀。

3 用保鲜膜将大碗盖上，放入冰箱冷藏4小时以上，腌渍至入味后取出冷藏的大碗，撕开保鲜膜。

4 在炸篮底部垫上一个锡纸盘，平铺上猪肋排，放入空气炸锅，以180℃烤12分钟。

5 抽出炸篮，将猪肋排翻面，再放入空气炸锅，继续以180℃烤3分钟。

6 取出猪肋排，装盘后即可享用。

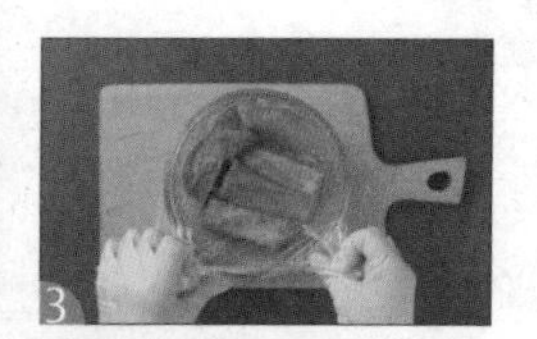

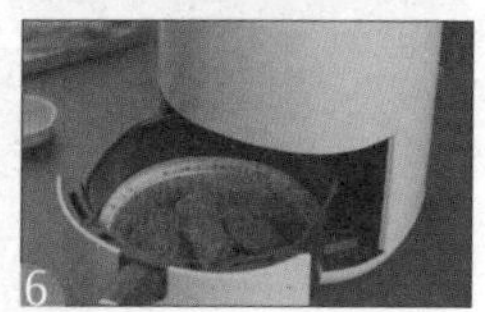

Tips 调配腌料汁时，水不可过多，否则腌料汁会因为过稀而挂不上肋排。

牛肉双花

温度：180℃　时间：15 分钟

扫一扫二维码
视频同步做美食

材料

牛肉300克
花菜50克
西蓝花50克
白兰地10毫升
干迷迭香适量
意大利面少许

调料 

盐3克
黑胡椒碎5克
食用油15毫升

制作方法 

1 炸锅180℃预热5分钟；牛肉洗净，擦干水分切片，装入碗中，放入盐、黑胡椒碎、白兰地、干迷迭香和少许食用油拌匀，腌渍至入味；西蓝花、菜花均洗净，切小朵。

2 取一片牛肉平铺于盘子中，取西蓝花、花菜各一朵放于一边，慢慢将其卷起，用意大利面将其固定住，依次将其余的食材制成肉卷。

3 在肉卷表面刷上少许食用油后，用锡纸将花菜部分包住，放入刷过油的炸锅中，以180℃烤10分钟。

4 打开炸锅，将烤好的牛肉取出，装入盘中，装饰好即可。

Tips 也可将整个肉卷用锡纸包住，这样牛肉中的水分可更好地被保留。

嫩烤牛肉杏鲍菇

扫一扫二维码
视频同步做美食

温度：180℃　时间：15 分钟

材料

杏鲍菇2根
牛肉馅150克
地瓜粉适量

调料

盐3克
胡椒粉适量
食用油少许

制作方法

1 空气炸锅180℃预热5分钟；杏鲍菇洗净，擦干表面水分，横切成约0.5厘米厚的片。

2 牛肉馅装碗，加盐、胡椒粉调味，加入地瓜粉拌匀，备用。

3 杏鲍菇的底部刷上少许食用油，放上牛肉馅，刷油，放入炸锅中，烤10分钟。

4 将烤好的杏鲍菇牛肉取出，放入盘中即可。

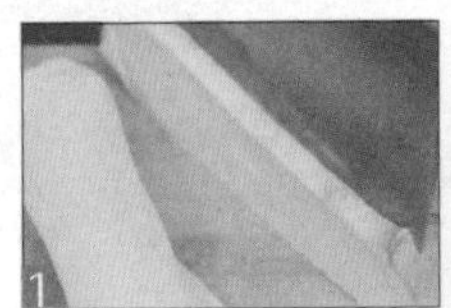

1

2

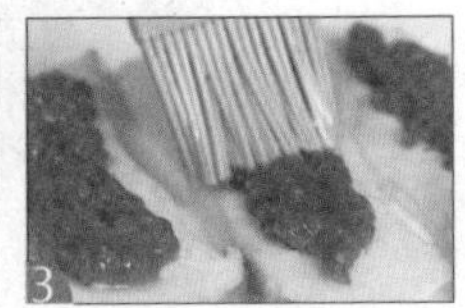

3

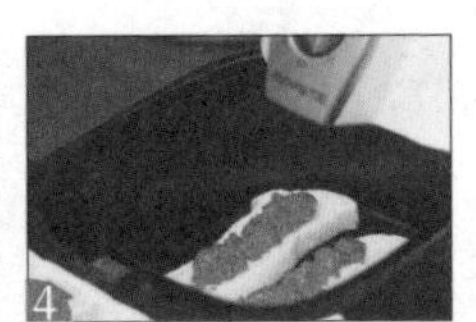

4

Tips

杏鲍菇底部一定要刷上食用油，一是防止烤制时粘锅，二是能更好地保留杏鲍菇中的水分，以提升其口感。

迷迭香牛仔骨

温度：180℃ 时间：15 分钟

扫一扫二维码
视频同步做美食

材料 

黑椒牛仔骨100克（5块）
新鲜迷迭香10克
蒜瓣50克

调料 

食用油10毫升

制作方法 

1 蒜瓣对半切开。
2 在炸篮底部垫上一个锡纸盘。
3 锡纸盘中放入黑椒牛仔骨、蒜瓣、迷迭香，再刷匀食用油，放入空气炸锅，以180℃烤15分钟。
4 取出牛仔骨、迷迭香、蒜瓣，装盘后即可享用。

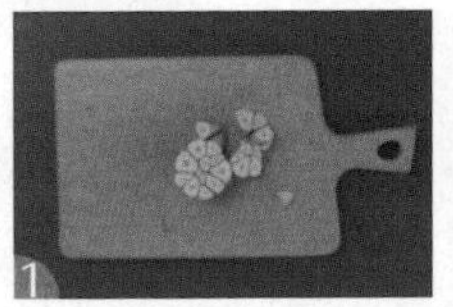

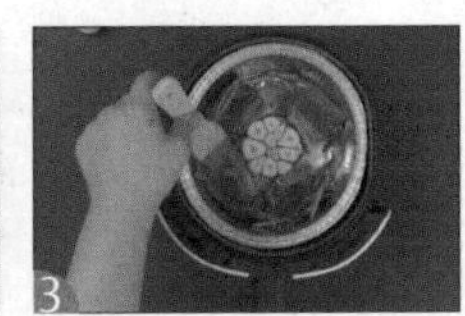

Tips 喜欢甜口的可在腌制牛仔骨时加入适量枫糖或黄冰糖。

胡椒牛排

温度：200℃　时间：30分钟

材料 

牛排300克
生菜100克
鲜迷迭香适量

调料 

盐3克
白胡椒粉3克
黑胡椒粒3克
烧烤酱适量
橄榄油15毫升

制作方法 

1 生菜洗净，沥干水分；牛排洗净，放入碗中，加入盐、白胡椒粉、橄榄油，搅拌均匀，腌渍至入味；迷迭香洗净。
2 空气炸锅200℃预热5分钟。
3 牛排表面刷上少许橄榄油，放入炸锅中，以200℃烤约25分钟。
4 待烤制20分钟时，将牛排表面刷上少许烧烤酱，续烤5分钟。
5 将烤好的牛排取出，放入盘中，撒上黑胡椒粒，放上生菜、迷迭香即可。

Tips 即使空气炸锅内整体受热均匀，烤制过程中也要翻动几次牛排，以保证其表面上色匀称。

多汁羊肉片

温度：200℃　时间：30 分钟

材料

羊肉300克
小土豆50克
西芹叶适量
莳萝草碎适量
面粉适量

调料

烤肉酱15克
盐5克
黑胡椒碎5克
柠檬汁10毫升
生抽10毫升
料酒适量
食用油10毫升

制作方法

1 小土豆去皮洗净；羊肉洗净放入碗中，加入盐、料酒、生抽、柠檬汁、烤肉酱、黑胡椒碎、食用油，搅拌均匀，腌渍至入味；西芹叶洗净。

2 空气炸锅200℃预热5分钟；将腌渍好的羊肉表面裹上面粉，用锡纸包好后放入炸锅中烤制25分钟。

3 待烤至10分钟时，在小土豆表面刷上食用油，撒上黑胡椒碎，放入炸锅中，续烤15分钟。

4 将烤好的食材取出，羊肉切片后装入盘中，再将小土豆放入盘中，将包裹羊肉的锡纸中的汤汁倒入盘中，撒上莳萝草碎，放上西芹叶即可。

Tips 买回的新鲜羊肉要及时进行冷却或冷藏，使肉温降到5℃以下，以减少细菌污染，延长保鲜期。

鲜果香料烤羊排

温度：200℃　时间：30 分钟

材料 

羊排500克
圣女果80克
青樱桃50克
新鲜迷迭香少许

调料 

法式芥末籽酱20克
胡椒盐10克
黑胡椒碎8克
迷迭香碎5克
橄榄油15毫升

制作方法 

1 将羊排洗净，清除肋骨上的筋；圣女果、青樱桃、新鲜迷迭香均洗净，备用。

2 空气炸锅底部铺上锡纸，200℃预热5分钟，放入表面刷过油的羊排，烤25分钟。

3 待烤至17分钟时，在羊排表面均匀地抹上法式芥末籽酱，将圣女果、青樱桃放入炸锅中，铺匀，撒上胡椒盐、黑胡椒碎、迷迭香碎，再续烤约8分钟。

4 将烤好的羊排、圣女果、青樱桃装入盘中，摆入新鲜迷迭香即可。

Tips 要选购肉色鲜红而均匀，有光泽，肉质细而紧密，有弹性，外表略干，不黏手的羊肉。

烤蔓越莓鸡肉卷

温度：200℃　时间：30 分钟

材料 

火鸡胸肉500克
蔓越莓干50克
大杏仁40克
开心果40克
生菜叶适量

调料 

烧烤酱适量
胡椒盐8克
黑胡椒碎5克
红酒30毫升
橄榄油适量

制作方法 

1 火鸡胸肉洗净，切成1.5厘米厚的片，放入碗中，加入红酒、胡椒盐搅拌均匀，腌渍至入味。
2 取出腌渍好的火鸡肉片，平铺在砧板上，放上蔓越莓干、大杏仁、开心果、胡椒盐，卷起后用牙签将鸡肉卷固定，静置10分钟。
3 空气炸锅200℃预热5分钟；鸡肉卷表面刷上橄榄油，撒上适量黑胡椒碎，放入炸锅中，烤25分钟。
4 待烤至18分钟时，在鸡肉卷表面刷上少许烧烤酱，续烤至熟。
5 将烤好的鸡肉卷取出，拔出牙签，放入摆有生菜叶的盘中即可。

Tips　可以将鸡肉卷用锡纸包住后烤制，这样能更好地保留鸡肉中的水分，口感也会更好。

台式盐酥鸡

温度：180℃ 时间：15 分钟

扫一扫二维码
视频同步做美食

材料

鸡胸肉300克
鸡蛋2个
蒜泥少许
燕麦适量

调料

盐3克
淀粉、烤肉酱各适量
料酒3毫升
生抽3毫升
食用油5毫升

制作方法

1 炸锅180℃预热5分钟；鸡胸肉洗净切块；鸡蛋打开，将蛋清、蛋黄分别装入碗中。

2 将鸡胸肉放入碗中，加入料酒、生抽、烤肉酱、盐、蒜泥、淀粉、蛋清拌匀，盖上保鲜膜入冰箱冷藏15分钟。

3 将鸡肉块取出，分别沾上燕麦、蛋黄液，最后再裹上一层燕麦。

4 拉开炸锅，底部刷上食用油，放入鸡肉块，在其表面刷上食用油，以180℃烤10分钟后，取出烤好的鸡肉，装入盘中，装饰好即可。

Tips 除了鸡胸肉，也可以用鸡腿肉来烤制，但是需腌渍久一些。

酥炸大鸡排

温度：180℃ 时间：11分钟

扫一扫二维码
视频同步做美食

材料 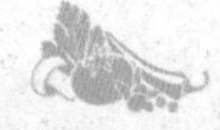

鸡胸肉200克（2块）
鸡蛋100克（2个）
面包糠30克

调料 

奥尔良烤肉料25克
玉米淀粉30克
番茄酱20克
水10毫升

制作方法 

1 鸡胸肉切成0.5厘米厚的大薄片。
2 取一空碗，打入鸡蛋，打散。
3 另取一大碗，加入奥尔良烤肉料和水，拌匀制成腌料汁，再放入鸡片，拌匀腌渍5分钟至入味。
4 取出鸡片，两面依次裹匀淀粉、鸡蛋液和面包糠。
5 在炸篮底部垫上一个锡纸盘，放入制好的鸡排，放入空气炸锅，以180℃烤11分钟。
6 取出，装盘后搭配番茄酱即可食用。

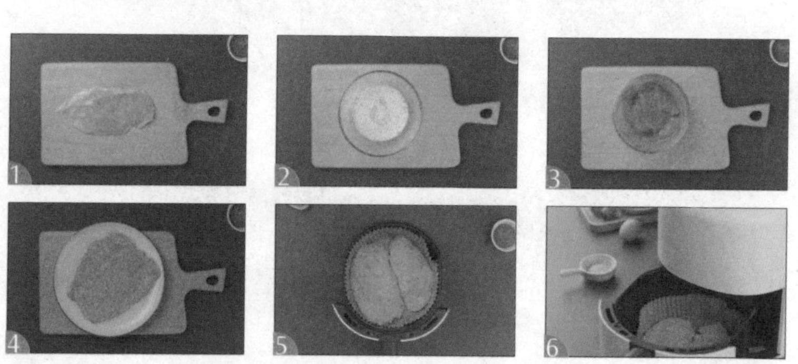

Tips

鸡片在腌制前可用刀背或者肉锤将肉敲打松散，这样腌制的时候容易入味，而且烤出来口感更好。

烤鸡翅中

温度：200℃　时间：23 分钟

材料

鸡翅中150克
蒜片、葱段、姜片各适量

调料

盐2克
辣椒酱适量
料酒适量
食用油少许

制作方法

1 空气炸锅200℃预热5分钟；鸡翅中洗净，装入碗中，放入蒜片、葱段、姜片，再加入盐、食用油、料酒，搅拌均匀，腌渍至入味。
2 空气炸锅中放入鸡翅中，铺平，烤制18分钟。
3 烤至15分钟时，在鸡翅中上面抹上适量的辣椒酱，续烤。
4 将烤好的鸡翅中取出，放入盘中即可。

Tips

虽然鸡皮中含有较多的胶原蛋白，但其脂类物质含量也较多，可以去掉鸡皮烤制。

鸡翅包饭

温度：180℃　时间：20 分钟

扫一扫二维码
视频同步做美食

材料 

鸡翅4个
去皮胡萝卜30克
洋葱30克
黄椒30克
火腿肠1根
米饭适量

调料 

韩式辣椒酱20克
盐6克
胡椒粉5克
料酒少许
食用油适量

制作方法 

1 炸锅铺锡纸，180℃预热5分钟；黄椒、洋葱、胡萝卜均洗净切碎；火腿肠切碎。

2 鸡翅洗净，去骨，翅尖处留骨，加盐、油、胡椒粉、料酒腌渍；锅中注油烧热，放入蔬菜、火腿肠、米饭炒匀。

3 加盐、胡椒粉、韩式辣椒酱拌炒盛出；将炒饭装入鸡翅中。

4 用牙签封口，翅尖用锡纸包住；炸锅内刷油，放入鸡翅并在其表面刷油，以180℃烤15分钟后取出。

1

2

3

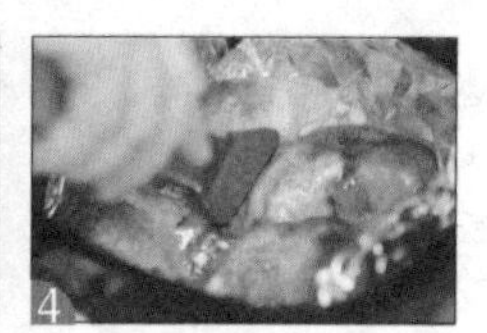
4

Tips 在烤制之前也可以将鸡翅稍稍过一下水，以去除血水。

第五章

千滋百味的海鲜水产

如果要求食材鲜香滑嫩、滋补养生，还有什么能够比得上水产海鲜的呢？新鲜的海鲜佐以空气炸锅的烹制，不但完美地保留了其鲜汁鲜味，还能让你的味蕾得到最大的满足！

彩椒烤鳕鱼

温度：160℃ 时间：18 分钟

材料 

鳕鱼400克
红彩椒30克
黄彩椒40克
洋葱30克
欧芹碎适量

调料 

盐3克
黑胡椒碎3克
柠檬汁少许
食用油适量

制作方法 

1 空气炸锅160℃预热5分钟；鳕鱼洗净，去皮、骨后切小块，装入碗中，加入盐、黑胡椒碎、柠檬汁拌匀，腌渍至入味。

2 红彩椒、黄彩椒均洗净，切小块后装入碗中；洋葱洗净，切丝装入碗中。

3 将洋葱丝、彩椒块倒入一个大碗中，加入盐、食用油、黑胡椒碎拌匀。

4 将鳕鱼放入炸锅中，烤8分钟后，放入彩椒、洋葱丝续烤5分钟，将烤好的食材取出，撒欧芹碎，装入盘中即可。

Tips 可以用锡纸将鳕鱼包住后再烤，这样鱼肉本身的水分能更充分地被保留住，口感更软嫩。

香烤鳕鱼鲜蔬

温度：180℃ 时间：17 分钟

扫一扫二维码
视频同步做美食

材料 

鳕鱼肉400克
土豆1个
青柠2个
圣女果5个
黄椒适量

调料 

盐3克
白胡椒粉适量
柠檬汁5毫升
食用油10毫升

制作方法 

1 炸锅中铺入锡纸，180℃预热5分钟；黄椒洗净切小块；土豆洗净切圆片。

2 鳕鱼去骨后切为两半，去除鱼皮；鳕鱼装碗，加盐、白胡椒粉、柠檬汁拌匀，腌渍至入味。

3 锅中的锡纸刷上食用油，放入鳕鱼、土豆、圣女果并在表面刷食用油。

4 以180℃烤12分钟后，拉开炸锅，将烤好的食材取出装盘，摆上两个切半的青柠即可。

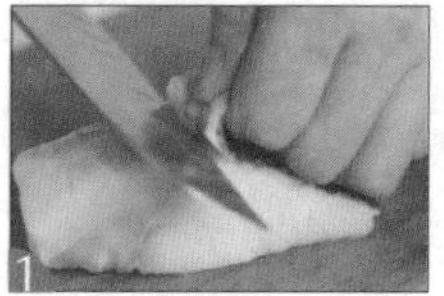
1
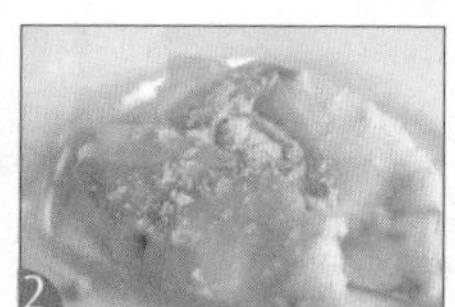
2
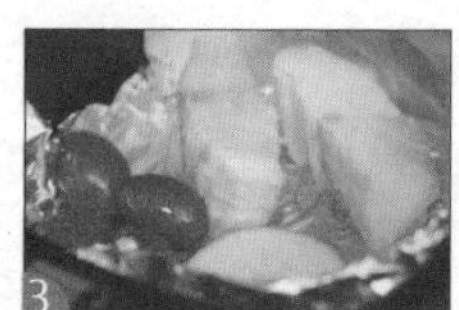
3

4

Tips 如果不想把圣女果烤得太干，可以提前将其取出。

家常烤鲳鱼

温度：180℃ 时间：10 分钟

扫一扫二维码
视频同步做美食

材料 

鲳鱼120克（2条）
洋葱10克
小青柠10克
葱10克
姜10克

调料 

盐2.5克
烧烤粉5克
生抽15毫升
料酒15毫升
食用油15毫升

制作方法 

1 姜去皮，切片；葱洗净，5克切葱段，5克切葱花；洋葱切丝；小青柠对半切开；鲳鱼洗净，去除肚、肠、腮，鱼身两面划网格状花刀。
2 将鲳鱼装入大碗，挤入小青拧汁，再加入葱段、姜片、料酒、生抽、盐，拌匀腌渍1小时至入味。
3 在炸篮底部垫上一个硅油纸盘，撒入洋葱丝垫底。
4 将腌好的鲳鱼放入硅油纸盘中，在鲳鱼鱼身刷匀食用油，再撒入烧烤粉。
5 将炸篮放入空气炸锅，以180℃烤10分钟。
6 取出硅油纸盘，将鲳鱼装盘后撒入葱花即可享用。

1

2

3
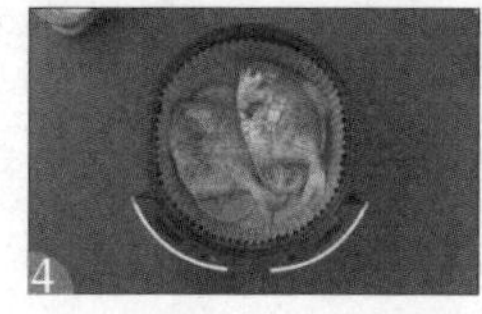
4

5

6

Tips 鲳鱼在腌制时多翻几次面，入味会更均匀。

咖喱带鱼

温度：180℃ 时间：10 分钟

材料

带鱼2条

小青柠10克

葱10克

姜5克

调料

盐1.5克

咖喱粉5克

蜂蜜5毫升

生抽15毫升

料酒15毫升

食用油15毫升

制作方法

1 带鱼切一字花刀；姜切片；葱洗净，5克切葱段，5克切葱花；小青柠对半切开。

2 带鱼段装入大碗，挤入小青柠汁，加入葱段、姜片、料酒、生抽、咖喱粉、盐、蜂蜜，拌匀腌渍1小时至入味。

3 在炸篮底部垫上一个硅油纸盘。

4 放入腌制好的鱼段，在鱼段表面刷匀食用油。

5 将炸篮放入空气炸锅，以180℃烤10分钟。

6 取出硅油纸盘，将带鱼段装盘后撒入葱花即可享用。

Tips 咖喱粉的用量可以根据个人口味添加。

香烤黄花鱼

温度：180℃　时间：13 分钟

扫一扫二维码
视频同步做美食

材料 

黄花鱼200克（9条）
柠檬片2片
葱10克
姜10克

调料 

盐1.5克
白胡椒粉1克
烧烤酱30克
烧烤粉5克
料酒15毫升
食用油5毫升

制作方法 

1 姜去皮，切片；葱洗净，切小段；黄花鱼洗净，去鳞、内脏。
2 将黄花鱼装入大碗，挤入柠檬汁，加入葱段、姜片、料酒、白胡椒粉、盐，拌匀后腌渍1小时至入味。
3 取一空碗，倒入食用油、烧烤酱，拌匀制成调味料。
4 在炸篮底部垫上一个硅油纸盘，将腌制好的黄花鱼摆入硅油纸盘，在鱼身表面刷匀调味料，再撒入烧烤粉。
5 将炸篮放入空气炸锅，以180℃烤13分钟。
6 取出硅油纸盘，将黄花鱼装盘后即可享用。

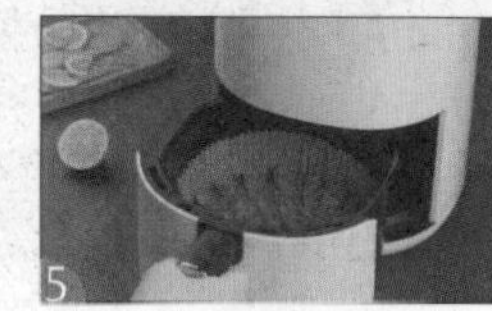
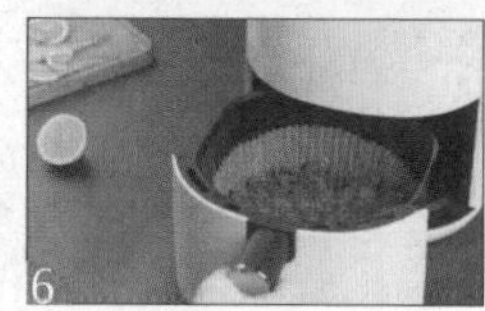

Tips 摆入黄花鱼时，需将黄花鱼间隔开来，否则烤完后黄花鱼易粘连在一起。

烤秋刀鱼

温度：180℃ 时间：15分钟

材料

秋刀鱼2条

柠檬汁、薄荷叶各适量

调料

盐适量

胡椒粉适量

食用油适量

制作方法

1 空气炸锅180℃预热5分钟。

2 秋刀鱼洗净，两面切十字刀，用盐腌渍片刻，再撒上胡椒粉腌渍至入味。

3 将秋刀鱼两面刷上食用油，放入炸锅中烤10分钟。

4 将烤好的秋刀鱼装盘，把柠檬汁均匀地挤在鱼身上，再用薄荷叶装饰一下。

Tips 挑选秋刀鱼时，以鱼身完整、浑圆饱满有光泽，鱼鳃鲜红、无血水渗出，鱼眼明亮、水晶体饱满的为佳。

柠檬烤三文鱼

温度：180℃ 时间：25 分钟

材料

三文鱼250克
柠檬50克
熟白芝麻20克
罗勒叶、百里香各少许

调料

盐8克
黑胡椒粉8克
橄榄油20毫升

制作方法

1 将柠檬洗净切成小瓣，罗勒叶洗净切碎，百里香洗净。
2 三文鱼洗净放入碗中，加入盐、黑胡椒粉拌匀，腌渍至入味。
3 空气炸锅180℃预热5分钟，三文鱼两面刷上橄榄油，放入锅中，烤约20分钟。
4 将三文鱼取出，挤入适量柠檬汁，撒上罗勒叶，摆上百里香，撒上熟白芝麻即可。

Tips 烤制过程中，最好能将三文鱼多翻几次面，以让其上色均匀。

橘子烤三文鱼

温度：180℃ 时间：20 分钟

材料 

三文鱼200克

橘子50克

甜椒50克

洋葱丝10克

欧芹、迷迭香各适量

调料 

盐5克

白胡椒粉5克

黑胡椒粉5克

橄榄油10毫升

制作方法 

1 将三文鱼洗净，切成块；橘子剥开，去皮，留下果肉；甜椒洗净切圈。

2 将三文鱼放入碗中，加入适量盐，撒上白胡椒粉、黑胡椒粉，搅拌均匀，腌渍至入味。

3 炸锅180℃预热5分钟。

4 在腌渍好的三文鱼的表面刷上少许橄榄油，再撒上适量迷迭香，放入炸锅中，烤15分钟至其熟透。

5 将烤好的三文鱼取出，摆入盘中，铺上橘子、甜椒、洋葱丝，撒上欧芹即成。

Tips 可以在三文鱼表面划上一字花刀，腌渍时更易入味。

椒香三文鱼

温度：160℃ 时间：16 分钟

扫一扫二维码
视频同步做美食

材料 

三文鱼300克
黄椒30克
青椒1根

调料 

鲜罗勒10克
牛至2克
黑胡椒碎3克
盐2克
食用油5毫升

制作方法 

1 炸锅160℃预热5分钟；三文鱼洗净，去皮、骨切块；黄椒洗净切三角形；青椒洗净切圈、去籽。

2 罗勒洗净，切碎后装入碗中；三文鱼块倒入碗中，加盐、牛至、黑胡椒碎、罗勒碎、食用油拌匀，腌渍至入味。

3 将三文鱼块放入炸锅中，以160℃烤8分钟；青椒圈、黄椒块装碗，加盐、食用油拌匀。

4 8分钟后，放入青、黄椒续烤3分钟，将烤好的食材取出，装入盘中即可。

1

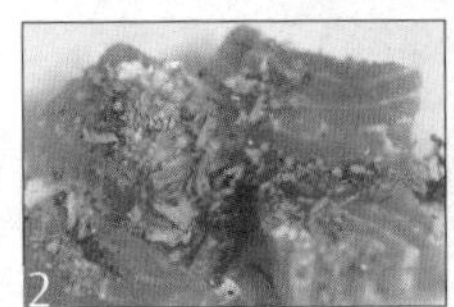
2

3

4

Tips 腌渍三文鱼时，也可以加入一些料酒，可以更好地去除腥味。

烤三文鱼配时蔬

温度：180℃　时间：25 分钟

材料

三文鱼200克
胡萝卜80克
西蓝花80克
迷迭香碎适量

调料

盐3克
黑胡椒粉5克
橄榄油15毫升

制作方法

1 胡萝卜洗净去皮，用工具刀切成表面有横纹的圆形片；西蓝花洗净，切小朵。
2 将胡萝卜、西蓝花装入碗中，加橄榄油、盐拌均匀。
3 三文鱼放入碗中，加盐、黑胡椒粉、橄榄油、迷迭香碎腌渍入味。
4 空气炸锅180℃预热5分钟，放入胡萝卜、西蓝花，烤制约5分钟后取出。
5 将腌渍好的三文鱼放入锅中，烤制15分钟至熟后取出，放在烤好的蔬菜上即可。

Tips 接触三文鱼时，手和刀上会有腥味，而用柠檬擦手和刀，就可以彻底去除腥味。

气炸鱿鱼圈

温度：180℃ 时间：15 分钟

材料 

鱿鱼300克
鸡蛋2个
玉米淀粉、面包糠各适量

调料 

盐少许
料酒适量
食用油10毫升

制作方法 

1 空气炸锅180℃预热5分钟。

2 鱿鱼收拾干净，切成约1厘米宽的圈，装入碗中，加盐、料酒、食用油，拌匀腌渍入味；鸡蛋打入碗中制成蛋液。

3 将腌渍好的鱿鱼圈依次沾上玉米淀粉、鸡蛋液、面包糠后放入盘中待用。

4 将鱿鱼圈放入预热好的炸锅内，炸制10分钟，取出，装入盘中即可。

1

2

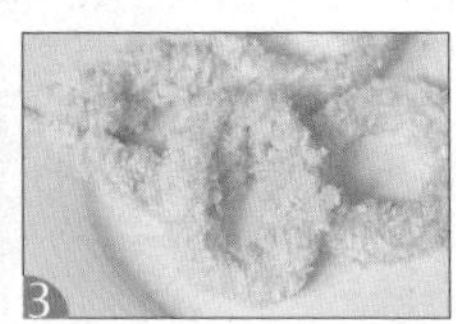
3

4

Tips 如将鱿鱼事先用开水焯一下，炸出的鱿鱼圈会更酥脆。

葱烤皮皮虾

温度：180℃ 时间：10 分钟

材料

皮皮虾150克 红彩椒10克
洋葱30克 葱10克
蒜瓣30克

调料

味椒盐2克 生抽15毫升
孜然粉2克 料酒15毫升
辣椒粉3克 食用油20毫升

制作方法

1 皮皮虾洗净，沥干；葱洗净，切小段；蒜瓣去皮，切粒；红彩椒洗净，切粒；洋葱切丝。
2 皮皮虾装碗，加入葱段、蒜粒、红椒粒、生抽、料酒、味椒盐、孜然粉、辣椒粉、食用油，拌匀，腌渍20分钟。
3 在炸篮底部垫上一个锡纸盘，铺上洋葱丝垫底。
4 再依次摆入皮皮虾。
5 将炸篮放入空气炸锅，以180℃烤10分钟。
6 取出皮皮虾，装盘后即可享用。

Tips 皮皮虾不要烤太久，否则水分流失，肉会明显缩小，影响口感。

面包虾

温度：180℃　时间：5分钟

材料 

切片面包30克（6片）
虾仁200克
蛋清20克
圣女果3个

调料 

白胡椒粉1克　料酒15毫升
生粉15克　香油5毫升
生抽15毫升　软化黄油10毫升

制作方法 

1 切片面包切成4厘米大小的正方形；圣女果对半切开；虾仁剁成泥状。
2 虾泥装碗，加入蛋清、白胡椒粉、生粉、生抽、料酒、香油，拌匀腌渍5分钟至入味。
3 用面包片垫底，铺上适量腌渍好的虾泥，再拿一片面包片盖上。
4 将面包片表面刷匀软化黄油，其余面包片按此步骤制成若干面包虾生坯。
5 在炸篮底部垫上一个硅油纸盘，将面包虾生坯摆入硅油纸盘，放入空气炸锅，以180℃烤5分钟。
6 取出面包虾，装盘后即可享用。

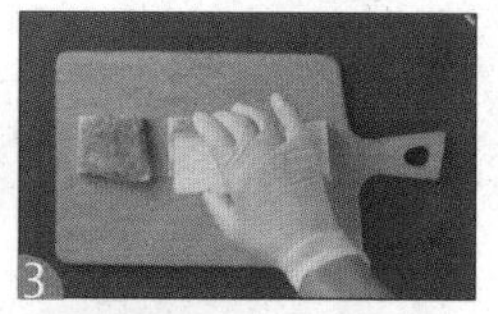

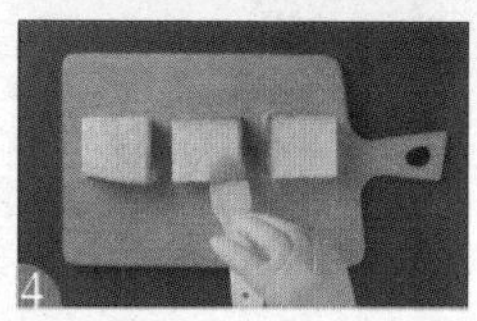

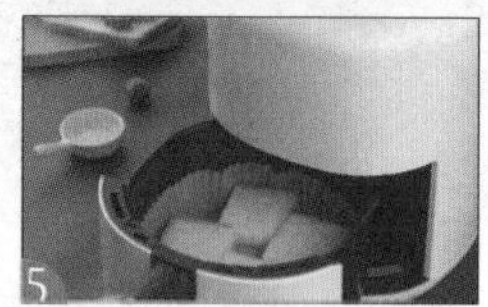

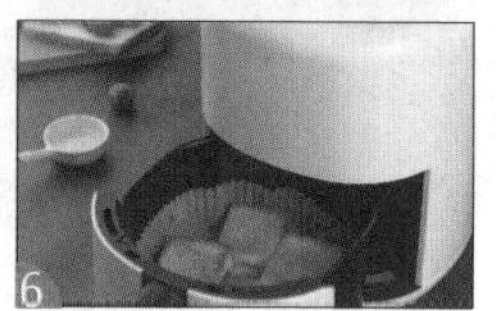

Tips 出锅后搭配番茄酱食用，味道会更好。

柠檬鲜虾

温度：180℃　时间：22 分钟

材料 

鲜虾300克
柠檬50克
香菜叶适量
蒜蓉少许

调料 

沙拉酱适量
蜂蜜15克
盐3克
黄油5克
柠檬汁10毫升
料酒10毫升

制作方法 

1 鲜虾洗净去头，将虾开背，取出虾线后洗净装碗；香菜叶洗净切碎。
2 将盐、蜂蜜、柠檬汁、黄油、料酒、蒜蓉放入虾碗中，拌匀腌渍至入味。
3 空气炸锅180℃预热5分钟，放入虾，烤约12分钟。
4 将洗净的柠檬放入炸锅中，和虾一起再烤5分钟取出。
5 将烤好的虾和柠檬装入盘中，淋上适量沙拉酱，撒上香菜碎即成。

Tips

烹制虾之前，可以先用泡桂皮的沸水将虾冲烫一下，这样烤出来的虾，味道更鲜美。

气炸大虾

温度：180℃ 时间：15 分钟

扫一扫二维码
视频同步做美食

材料

鲜虾150克
结球生菜50克
柠檬1个

调料

盐3克
食用油10毫升

制作方法

1 将空气炸锅180℃预热5分钟。鲜虾洗净，挑去虾线，装碗待用；结球生菜洗净，手撕成片状，装盘。

2 将盐、柠檬汁、食用油加入到装虾的碗中，拌匀腌渍至入味。

3 将虾放入炸锅，烤10分钟。

4 将烤好的虾取出放入摆有结球生菜的盘中即成。

Tips 腌渍虾时可以滴入少许醋，这样烹制好的虾外壳颜色更鲜红亮丽。

培根鲜虾卷

温度：140℃　时间：20 分钟

材料 

大虾350克
培根200克
青椒50克
红椒30克

调料 

盐2克
料酒5克
黑胡椒碎适量

制作方法 

1 炸锅140℃预热5分钟；虾去壳和虾头，尾部虾壳保留，放入碗中，清洗后加盐、料酒腌渍至入味。
2 青椒、红椒均洗净，去籽，切细条。
3 取1条培根，首端放上1只虾、青椒条、红椒条，将其卷起，依次将其他食材制成虾卷。
4 将虾卷放入炸锅中，以140℃烤15分钟后，将虾卷取出，装入盘中，撒上少许黑胡椒碎即可。

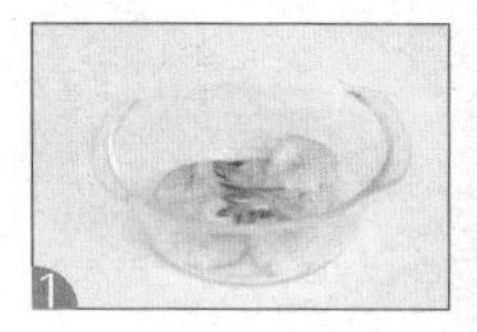
1

2

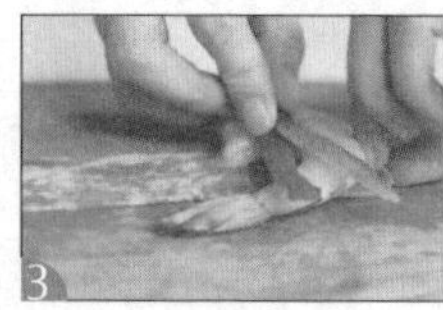
3

4

Tips 如想卷起来更方便，可在虾内部弯曲处划几刀，虾就成直线状了。

五香盐焗蟹

温度：180℃ 时间：30分钟

扫一扫二维码
视频同步做美食

材料 

三眼蟹250克（2只）

调料 

粗盐600克
五香粉6克

制作方法 

1 三眼蟹洗净，控干水分。
2 取一空碗，倒入粗盐、五香粉，搅拌均匀。
3 在炸篮底部垫上一个硅油纸盘。
4 将拌好的粗盐倒入硅油纸盘中，将炸篮放入空气炸锅，以180℃预热15分钟。
5 取出硅油纸盘，将粗盐取出一半，摆入三眼蟹，再铺上取出的粗盐，将炸篮放入空气炸锅，以180℃烤15分钟。
6 取出硅油纸盘，将三眼蟹装盘后即可享用。

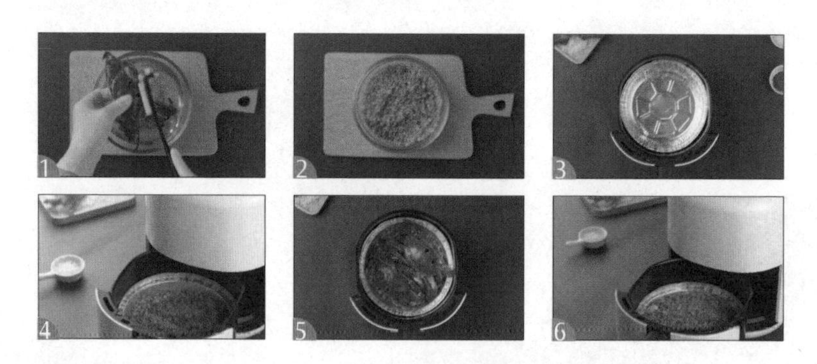

Tips 用过的粗盐可以装在凉装瓶里面，以便下次再用。

盐焗蛏子

扫一扫二维码
视频同步做美食

温度：200℃ 时间：10 分钟

材料

蛏子400克
姜5克
葱5克

调料

粗盐170克
料酒15毫升
食用油5毫升

制作方法

1. 蛏子装入碗中，倒入清水，加入食用油，搅拌匀，待其吐尽泥沙后洗净沥干。
2. 姜去皮，切丝；葱切段。
3. 蛏子装入大碗，加入姜丝、葱段、料酒，拌匀腌渍10分钟。
4. 锡纸盘倒入粗盐，铺平，放入腌渍好的蛏子，开口朝上，再盖上薄薄的一层粗盐。
5. 将装好蛏子的锡纸盘放入炸篮，再放入炸锅，以200℃烤10分钟。
6. 取出烤好的蛏子即可。

Tips 将蛏子放入锡纸盘的时候，应尽量把蛏子的水分全部沥干，这样可以防止烤制过程中蛏子渗出盐水。

辣烤蛤蜊

温度：200℃ 时间：11分钟

材料 

净花蛤450克
葱10克
姜10克

调料 

盐2克
生抽15毫升
烧烤酱30克
干辣椒5克
食用油30毫升

制作方法 

1 姜切丝；葱洗净，切小段；干辣椒切成小段。
2 取一大碗，放入姜丝、葱段、干辣椒段、盐、烧烤酱、食用油、生抽，拌匀，调成味汁。
3 将花蛤整齐码入锡纸盘，开口朝上。
4 将装好花蛤的锡纸盘放入炸篮，再放入炸锅，以200℃烤8分钟。
5 抽出炸篮，淋入味汁，再次放入炸锅，以200℃烤3分钟。
6 取出装盘即可享用。

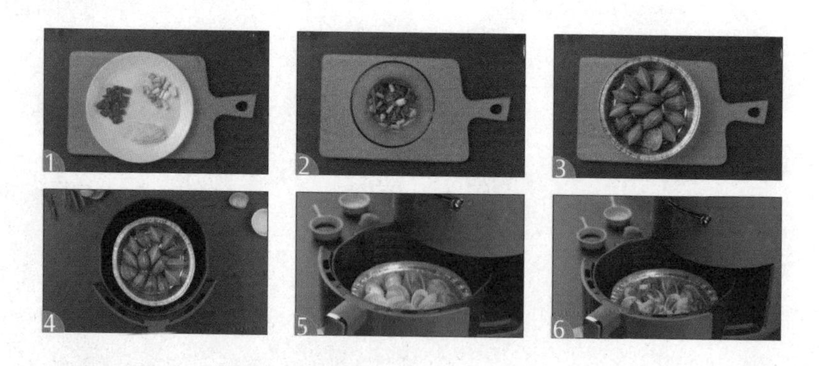

Tips 花蛤需提前放入加了少许食用油的水中浸泡，使其吐尽泥沙。

黄油烤鲍鱼

温度：200℃　时间：6 分钟

材料 

鲍鱼400克（8只）
洋葱20克
姜10克

调料 

白胡椒粉2克
盐3克
料酒10毫升
融化的黄油15毫升

制作方法 

1. 姜去皮，切丝；洋葱切丝；将鲍鱼肉从壳中取出，去除鲍鱼嘴，洗净后在鲍鱼肉表面切十字花刀。
2. 取一个容器，加入鲍鱼、姜丝、洋葱丝、料酒、白胡椒粉、盐，拌匀，腌渍5分钟。
3. 将腌渍好的鲍鱼逐个放入炸篮。
4. 再刷上黄油。
5. 放入炸锅，以200℃烤6分钟。
6. 取出鲍鱼，装盘后即可。

Tips 烤好的鲍鱼可放入已经刷洗干净并用开水煮过的鲍鱼壳中。

香烤元贝肉

温度：180℃ 时间：18 分钟

材料 

元贝肉7个
香菜碎适量

调料 

盐
料酒适量
食用油少许

制作方法 

1 空气炸锅180℃预热3分钟。
2 将元贝肉洗净，用盐、料酒腌渍至入味，擦去腌渍好的元贝肉的表面水分，刷上少许食用油。
3 将元贝肉用竹签串起，放入炸锅中，烤15分钟，烤制过程中，将元贝肉翻面一次。
4 将烤好的元贝肉摆入盘中，撒上香菜碎即可。

Tips 如炸锅的尺寸有限无法放入竹签，可将元贝肉直接平铺在炸篮中烤制。

烤扇贝

温度：180℃

时间：23 分钟

材料

扇贝4个

红辣椒1个

韭菜碎少许

调料

食用油少许

椒盐适量

制作方法

1 扇贝洗净，擦干水分，抹上少许食用油，撒上适量椒盐。

2 红辣椒洗净切细丝，撒在扇贝上。

3 空气炸锅180℃预热5分钟，放入扇贝。

4 烤制18分钟后，将烤好的扇贝取出，撒上少许韭菜碎即可。

Tips 如果使用的是冷冻扇贝，切记将其放于室内自然解冻，不要放在水里融化，尤其是热水，否则会严重影响扇贝的鲜度和口感。